KB264259

글로벌 관점에서의
한국패션산업

글로벌 관점에서의
한국패션산업

손 미 영 著

책 머리에

이 책이 나오게 된 배경에 대한 이야기로 머리말을 대신하고자 합니다. 현재 패션산업에 관련된 많은 분들도 다음에서 나열하는 이유들을 보시면 본 연구자가 왜 이 연구를 시작하게 되었는지 그 이유들에 동감하실 것이며 이 분들도 역시 저와 같은 연구 환경에 있었다면 당연히 이러한 연구를 시작하셨으리라 생각해 봅니다.

본 연구자가 1994년 Parsons School of Design에서 Importing & Exporting 수업을 듣기 전까지는 패션산업이 매우 오래 전부터 이미 세계화(글로벌화)된 산업이며 특히 무역비중이 대단히 큰 산업이라는 사실을 전혀 주목하지 못하고 있었습니다. 이 수업에서부터 출발하여 박사과정을 거치는 동안 패션산업에서 국제화와 관련된 많은 논저들을 읽게 되면서 세계패션산업에서의 한국패션산업의 위치, 세계패션산업 역사와 한국패션산업의 발자취 등에 대해 관심을 갖기 시작하였고 그러면 그럴수록 "왜"에 대한 의문은 더욱 커져 갔습니다.

"왜", 즉 한국패션산업의 전세계 수출시장에서의 점유율이 1990년대부터 지속적으로 하락하고 있고 또한 대미시장점유율도 1990년대 중반 이후 급격히 하락하고 있는 것을 수년 전에 외국 학술지와 외국 서적에서 보고 "왜"라는 의문을 갖기 시작했던 것입니다. 이러한 사실을 인지하지 못하고 있었던 것은 저만의 일일지 모르나, 사실 1990년대 당시 국내 대학의 패션 관련 학과에서는 세계 패션산업의 역사적 관점이나 현황, 패션제품(수출입)의 무역현황, 패션산업의 국제경영, 한국패션산업의 수출입 현황과 세계 패션산업에서의 입지 그리고 글로벌 관점에서의 한국패션산업의 향후 방향 등에 대한 과목은 물론 논의도 많지 않은 실정이었습니다. (현재는 많은 연구들과 논의들이 등장하고 있습니다)

그리고 제 주변에 있는 의류와 관련된 비즈니스를 하던 많은 분들의 성토 또한 저를 이 연구로 내몰았습니다. 더욱이 80학번인 저의 동기들과, 제가 잠시 머물렀던 모 패션기업의 입사동기들 및 기획과 소속 동지들(이미 퇴직하였거나 관련된 다른 일에 종사하고 있습니다) 등이 갖고 있는 한국패션산업과 기업에 대한 비전과 사고는 저로 하여금 많은 걱정과 우려를 갖게 하였습니다. 즉 이들은 오랜 업무 경력으로 풍부한 경험과 뛰어난 능력을 갖추고 있음에도 불구하고 위에서 언급한 1990년대 당시 국내 학계의 형편으로 말미암아 글로벌 비전 특히 세계패션산업에서 한국패션산업이 나아가야 할 방향에 대한 비전이 부족하였고 더욱이 글로벌 패션마케팅과 같은 구체화되어야 할 방법이나 수단에 대한 인식도 부족한 실정이었기 때문입니다.

이러한 이유들로 저는 한국패션산업의 국제경쟁력에 대해서 본격적으로 공부를 시작하게 되었습니다. 그러나 당시 한국 의류학과 학문 분야에서는 한국패션산업의 국제화나 세계화와 관련된 논문이나 저서들이 많이 등장하지 않던 때였고 더욱이 본 연구자가 경영학도나 무역학도도 아닌 의류학과 출신이었기에 이와 관련된 내용을 연구하기란 매우 힘든 상황이었습니다. 어쨌든 저는 도서관에서 국제경영, 국제무역, 글로벌 마케팅에 관련된 여러 책들을 읽기 시작하였고, 국제경쟁력이나 한국패션산업에 관련된 국내외 논문들을 읽기 시작하였습니다.

사실 패션산업에서 세계화는 매우 오래 전부터 나타났던 현상입니다. 역사적으로 보면 모든 산업국의 산업 발전이 패션산업에서 시작하였고, 패션산업이 갖고있는 특징(즉 매우 노동집약적인 생산 활동과 지식정보집약적인 제품개발/마케팅 등의 핵심활동을 동시에 포괄하는 특징) 때문에 산업이 발전하면서 핵심활동은 선진국에, 생산 활동은 선진국에서 신흥공업국으로 또 후발개도국으로 끊임없이 이동하게 되고, 특히 제2차 세계대전 이후 이러한 패션산업의 특성상 핵심활동은 패션선진국에 남겨지고 생산 활동은 저비용생산국으로 지속적으로 이동하면서 오늘날 패션산업은 범세계적인 생산네트워크와 판매네트워크를 갖춘 글로벌 산업이 된 것입니다.

따라서 패션산업과 관련기업의 국제화/세계화는 이미 오래 전부터 연구되어져야 했을 논제가 아니었을까 하는 생각과 함께 이 책을 만들게 되었으며 앞으로 이 책이 의류학을 전공하는 학생들을 비롯하여 패션 현장에 종사하시는 분들에게도 조금이나마 도움이 되기를 바라는 마음입니다.

더불어 한국패션산업에서도 학계뿐만 아니라 정부 및 여러 관련 단체, 기업들에서 많은 노력을 기울이고 있습니다. 이러한 노력들이 결실을 맺어 한국패션산업이 제2의 도약기를 맞이하길 바라면서 머리말을 마치고자 합니다.

끝으로 본 연구서적이 나오기까지 도움을 주신 이은영 교수님을 비롯한 서울대 생활과학대학 의류학과 교수님들과 이 책의 집필을 가능하게 해주셨던, 설문에 정성껏 응답을 주신 '국동㈜'의 박점종 님, '대우 인터내셔날'의 장경욱 님, '㈜세원'의 도종우 님, '원풍물산'의 서용희 님, '자오무역'의 차영창 님, '준일㈜'의 박준현 님 등을 비롯한 패션기업의 관리자님들께도 감사를 드립니다.

2005년을
맞이하며

손 미 영

목 차

그림 목차

제1장

서　론

제1절 문제의 제기

최근 우리는 중요한 변화를 겪고 있다. 다양한 분야의 많은 학자들은 이 변화의 힘은 한국뿐만 아니라 전세계적으로 나타나고 있는 세계화에 기인한다고 보고 있는데, 즉 정보통신과 커뮤니케이션 기술의 발달, 무역장벽의 감소와 자유무역의 확대, 이로 인한 세계경제의 세계화, 그리고 국제화되고 있는 라이프스타일, 소비자 관심과 취향의 동질화 등은 전세계 도처에서 우리의 산업환경을 세계화로 치닫게 하고 있다

세계화의 힘은 패션산업에서 다양한 변화를 이끌고 있는데, 우선 세계적 경쟁이 매우 심화되고 있고 지리적으로 확대되고 있다. 사실 패션산업은 오래 전부터 노동집약적 특성으로 인해 생산의 이동 및 저비용국가로부터의 수입 등 즉 패션산업의 국제화가 다른 산업에 비해 일찍 시작되었다. 최근 선진국 시장에서 제3세계 개발도상국 시장으로 숙련된 경쟁자들이 이동되면서 세계적 경쟁이 선진국 시장에서 개발도상국 시장으로 확대되고 있으며(Kalburgi, 1995), 이는 패션산업에서 단순한 생산이동과 수출·입에서 전세계로 교역과 해외직접투자를 급격히 증가시켰고 있다. 더욱이 선진국 시장에서 저비용패션국가로부터 수입 증가는 선진패션산업국의 산업구조 및 수출 구조를 변화시켜 지속적으로 생산과 고용의 감소를 가져왔다. 이러한 세계화 추세는 선진패션산업과 개도국패션산업 모두에서 세계적 경쟁에 대응하여 생존을 위한 치열한 노력을 요구하고 있다.

기업의 측면에서도 전세계의 많은 패션기업들이 경쟁적으로 생산지를 해외로 이동하고 있으며, 전략적으로 전세계에서 패션 상품 공급 네트워크를 형성하려 하고 있으며, 가격, 시간, 품질 모든 측면에서 세계적 소비자들의 만족을 추구하고 있다.

특히 선진국의 세계적 패션기업들은 정보통신과 유통 선진기술을 갖추고 원부자재의 생산에서 패션제품의 판매인 소매업 부문에 이르기까지 네트워크 조직을 이루면서 경쟁력을 배가시키고 있다(브래들리, 1993). 또한 세계적 소매업체들도 이전에는 선진국에만 국제활동에 초점을 맞추었으나 점차 개발도상국으로 관심을 돌리고 있다(Goldman, 2001). 개발도상국이나 신흥산업국의 기업들도 확고한 세계적 경쟁자들에 대응하기 위해 국제적 경쟁우위를 위한 노력의 일환으로 1990년대 중반 이후 선진국의 중소기업들과 함께 세계화를 위해 국제시장에 진입을 시도하고 있다(Craig and Douglas, 1996).

세계화 환경은 경제위기를 방금 겪은 한국패션산업에서도 예외는 아니어서, 현재 한국패션산업은 국내외 시장에서 치열한 세계적 경쟁을 경험하고 있다. 즉 한국패션산업은 국내시장에서 세계적 패션기업 경쟁자들로 인하여 시장점유율이 저하되고 있으며, 특히 예전에는 고가 상품 시장에서만 심화되어 나타나던 세계적 경쟁이 지금은 중저가 시장으로 확대되고 있는 상황이다. 그리고 해외시장에서는 한국패션산업이 1990년대 중반부터 미국과 유럽시장에서 시장점유율이 급격히 저하되는 등 부진을 보이고 있으나 한국패션기업들도 꾸준히 아시아를 비롯한 해외로 진출을 시도하고 있으며 성공적으로 세계화 된 기업들도 나타나고 있다.

이상에서 살펴본 바와 같이 세계화 된 산업환경은 패션산업과 기업에서 많은 변화를 이끌었으며 특히 세계 패션시장뿐만 아니라 국내 패션시장에서 격렬한 세계적 경쟁을 심화 시키고 있다. 이러한 상황은 국내의 패션과 관련된 학문 분야에서 그리고 산업체에서 수년 전부터 한국패션산업의 국내외 경쟁력에 대한 많은 연구, 보고, 제안들을 진행시켰다. 이 연구들은 대체로 한국패션산업의 경쟁력에 관한 연구들과 생산성, 해외 조달, WTO, QRS 등에 관한 연구들이다. 패션산업의 경쟁력에 관한 연구들은 Porter 경쟁우위 이론에 근거하여 거시적 차원에서 한국패션산업의 국제경쟁력에 관한 연구들이며 그리고 생산성, 해외조달, WTO, QRS 등의 연구 주제들도 세계화가 진행되면서 나타나는 부분적 현상들에 관한 것이라 할 수 있다. 즉 이 연구들은 부분적으로 현재 모든 산업에서 전반적으로 나타나고 있는 세계화 현상과 관련성을 나타내고 있으나 세계화 현상과 패션산업에 대해 통합적인 직접적인 통찰을 제공하고 있는 연구는 없는 실정이다.

따라서 세계화 현상과 패션산업에 대해서 전반적이고 통합적인 연구가 필요하며 이러한 통찰은 세계화 환경에서 한국패션산업이 나아가야 될 방향을 제시할 수 있으며, 더 나아가서 세계화 환경에서 한국패션산업의 경쟁력 회복에 도움이 될 수 있을 것이다. 그리고 패션제품을 대상으로 한 학문 분야에서 세계화와 패션산업에서 나타나고 있는 제 현상들에 대해 이론적 체계를 확립하는데 기초를 제공할 수 있을 것이다.

제2절 연구 목적

세계화 환경에서 한국의 패션산업이 세계적 경쟁력을 갖추기 위해서는 세계화와 패션산업의 전반적이고 통합적인 통찰이 필요하다. 이러한 통찰을 위해서 우선 세계화는 무엇이며, 전반적으로 패션산업과 패션기업에서 나타나고 있는 세계화 추세는 어떻게 나타나고 있으며, 세계화 환경에서 요구되는 패션산업과 기업의 세계적 경쟁 요소는 무엇인가를 연구할 필요가 있다. 따라서 이 책에서는 다음과 같은 연구 목적을 설정하였다.

첫째, 패션산업 및 패션기업에서 나타나고 있는 세계화 추세를 밝히고자 한다. 패션산업에서 생산의 국제화는 산업의 노동집약적 특성으로 이미 오래 전부터 이루어져왔으나 보다 확장된 개념인 세계화의 측면에서 패션산업과 기업에서 나타난 변화에 대해서는 아직 연구가 미비한 실정이다. 전세계 패션산업과 기업에 서 나타나고 있는 세계화 추세에 대한 연구와 분석은 한국패션산업 및 기업이 세계화 된 산업환경에서 그리고 격심해지고 있는 국내외의 세계적 경쟁에서 나아가야 할 방향을 제시해줄 수 있을 것이며 둘째 연구 목적인 세계적 경쟁력의 필수요소를 위한 기초가 될 수 있을 것이다.

둘째, 세계화 환경에서 한국패션산업과 기업의 경쟁력 향상을 위한 필수 경쟁 요소를 밝히고자 한다. 한국패션산업의 국제경쟁력에 대해 오래 전부터 여러 분야에서 연구들이 진행되어왔으나 정보통신의 발달, 세계경제의 통합화, 전세계 관심과 취향의 동질화 등과 같은 세계화 환경에서 패션산업과 기업의 세계화와 관련된 세계적 경쟁력에 대한 연구는 아직 부족한 실정이다. 이 책에서는 세계화 환경에서 한국패션산업과 기업의 세계적 경쟁력 향상을 위해서는 어떠한 요소가 필수적인지를 밝혀보고자 한다.

전세계 패션산업과 기업에서 나타난 세계화 추세는 패션산업 및 기업의 세계적 경쟁력 향상을 위한 필수요소를 가늠케 할 것이며 이러한 연구결과는 한국패션산업 및 기업이 점차 격심해지는 세계적 경쟁 환경에서 나아가야 할 방향과 대응전략을 개발하는데 도움이 될 것이다. 또한 패션대상 학문 분야에서 패션산업의 세계화와 관련된 제 현상들에 대해 이론적 체계를 확립하는데 도움이 될 것이다.

제3절 연구 진행 및 범위

이 책에서는 위의 연구목적을 실행하기 위해 연구를 세 단계로 진행하였다.

첫째 단계에서 패션산업의 세계화 추세를 밝히기 위해 문헌적 연구를 통해 세계화 환경에서 나타난 패션의 변화들을 연구하였고 이 변화들을 실증적으로 검증하기 위해서 세계무역통계치(UN, UNIDO, UNTAD자료), 해외직접투자 자료(World Investment Report 자료), 산업통계치 등의 다양한 통계치와 쌍방무역과 산업 내 무역, 수출시장점유율 등의 다양한 측정치를 이용하였다.

둘째 단계에서는 패션기업의 세계화 추세를 밝히고 세계화 환경에서 한국패션산업의 경쟁력을 향상시키기 위한 필수 경쟁 요소를 밝히기 위해 문헌조사와 통계자료조사, 설문지법을 이용하였다. 문헌조사를 통해 세계화 환경에서 나타난 패션기업의 변화를 조사하였고 이를 실증적으로 검증하기 위해서 한국패션기업을 대상으로 설문 조사 하였고 2000/2001 해외진출기업 디렉터리에서 필요한 자료를 이용하였다. 또한 설문 조사와 해외진출기업 디렉터리 자료조사를 통해 한국패션기업의 국제화 정도와 세계화 추세를 조사하였다. 그리고 세계화 환경에서 한국패션산업 및 기업의 경쟁력 향상을 위한 필수 경쟁 요소를 밝히기 위해 문헌적 연구를 통해 필수요소를 추출하여 한국패션기업을 대상으로 설문 조사 하여 필수 경쟁 요소를 검증하였다.

셋째 단계에서는 첫째와 둘째 단계의 연구 결과를 토대로 세계화 환경에서 한국패션산업이 세계적 경쟁력을 갖추기 위해 한국패션산업과 기업이 나아가야 할 실질적인 방향에 대해 전반적이고 통합적으로 논의하였고 그리고 세계적 경쟁에 대한 한국패션기업의 대응전략도 제안하고자 하였다.

　패션산업 및 기업의 세계화 추세를 연구함에 있어, 세계화라는 논제는 학문 분야와 관점에 따라 접근이 매우 다양하고 광범위하므로 이 책에서는 세계화를 조작적으로 정의하여 연구 범위를 설정하였다. 세계화란 포괄적 정의로써 경제활동 영역의 확장과 경제활동의 지리적 확장으로 정의하였다(자세한 내용은 제2장 제1절 세계화 개념을 참조). 이러한 조작적 정의에 따라 패션산업에서 나타난 세계화 추세의 연구는 패션산업의 교역과 해외직접투자(FDI)의 증가 및 지리적 확장을 중심으로 연구·분석 하였고 그리고 패션산업의 특성상 선진패션산업국과 개발도상국 패션산업으로 분류하여 패션산업의 세계화 제 현상을 살펴보았다.

　패션기업에서 나타난 세계화 추세를 연구하기 위해 기업의 세계화를 기업의 국제적 몰입 증가 과정으로 즉 기업이 지리적 범위, 사업범위, 기능범위를 전세계로 확장 시켜가는 그리고 세계시장에의 참여방식이 다양해져 가는 과정으로 조작적으로 정의하였다. 이에 따라 패션기업의 세계화 영향은 글로벌 조달의 영역 및 지리적 확장, 해외진출형태의 확장 등으로부터 살펴보았고 특히 글로벌상품 공급전략에서 나타난 세계화의 영향을 중심으로 제 현상들을 살펴보았다.

　그리고 패션산업 및 기업에서 나타난 세계화 추세를 연구하기 위해서는 세계화 기준 시점의 선택이 매우 중요하다. 세계화는 위에서도 언급하였지만 학문 분야와 학자에 따라 접근이 매우 다양하고 산업의 세계화를 추진하는 요소들도 다양하다. 이 책에서는 세계화로 이끄는 힘이라고 할 수 있는 세계화 추진 요소로부터 세계화 시점을 설정하였다. 세계화 추진 요소

중에서 정보통신과 커뮤니케이션 기술의 혁신, 전세계 소비자 취향 및 라이프스타일의 동질화는 특정 시점을 갖지 않고 점진적으로 진행되어온 요소라 할 수 있으나 무역의 자유화는 다른 요소에 비해 상대적으로 중요한 시점을 갖는다. 특히 패션제품의 무역 자유화 시점은 MFA, UR섬유협정으로부터 등장되는데(자세한 내용은 제2장 제2절 패션산업의 국제무역의 추이와 무역협정을 참조), 즉 MFA가 UR섬유협정에 따라 단계적 철폐의 시작 시점인 1994을 세계화 시점으로 조작적으로 설정하였다. 그러나 일반적으로 산업이나 기업의 변화 추세는 특정 시점에서 바로 시작하는 것이 아니라 그 시점의 전후에서 변화 추세가 나타나므로, 1994년을 중심 축으로 하여 1990년대를 통해 패션산업 및 기업의 세계화 영향을 살펴보았다. 따라서 이 책에서는 실증적 자료인 통계자료나 측정치들의 대부분을 1990년대를 중심으로 조사·측정 하여 분석하였다.

제2장

패션산업의 세계화 추세

패션산업에서 나타난 세계화 추세를 연구하기 위해서는 세계화란 무엇인지[1] 그리고 패션산업의 특성, 이 패션산업의 고유 특성으로 인해 나타나는 세계화 특성을 살펴보아야 한다. 따라서 본 장에서는 기존 연구들을 중심으로 세계화에 대한 개념적 고찰과 패션산업의 특성을 살펴보았고 문헌적 고찰을 통해 패션산업에서 나타났던 세계화 추세를 연구하였다

---

[1] 패션산업에서 종종 세계화를 단순히 생산지의 해외 이동으로 잘못 인식하는 경향이 있고(김용주, 1999) 그리고 어패럴 생산의 분산적 특성에 기인한 아웃소싱(outsourcing)을 세계적 기업의 지표로 사용하는 등 세계화 정의에 대해 혼란이 있으므로(Johns, 1998), 패션산업의 세계화 개념에 대해 명확히 할 필요가 있다.

제1절 세계화에 대한 개념적 고찰

세계화 개념은 학문 분야에 따라 매우 다양하게 논의될 수 있는 개념이므로, 본 절에서는 경제적 측면에서 세계화의 개념을 살펴보고, 이러한 세계화 환경을 야기하였던 힘 즉 세계화 추진 요소를 살펴보고, 산업에서 세계화로 인해 파생된 영향을 살펴보았다.

1. 세계화 개념

세계화(Globalization)에 대한 논의는 다국적 기업의 기업활동을 설명하기 위해서 등장하여 이제는 21세기 신문명의 새로운 기준으로 국내외 학계, 재계, 언론계, 정계 등에서 활발하게 논의되고 있다. 다양한 분야에서의 다양한 논의는 세계화의 의미, 세계화의 진행 정도, 향후 전망에 대해 많은 다른 관점을 야기하였으며 이는 세계화 개념에 대해 상당한 논의와 혼란을 가져왔다(하영선 외, 2000; 조현수 외, 2001; 백준봉, 2001).

그러나 이 책에서는 세계화에 대한 논의를 경제적 측면으로 한정하고 특히 세계경제의 통합에 맞추어 연구를 이끌어 가고자 한다. 경제적 측면에서의 세계화 정의도 매우 다양하며 다양한 영역을 포함하고 있다.

[표 2-1]은 경제적 측면에서 세계화에 대한 다양한 정의를 요약하고 있다. 세계화에 대한 기존 정의들은 국제화 심화와 확장 즉 국제화된 경제활동 영역과 공간이라는 두 가지 축으로 네 가지 유형으로 분류될 수 있다. 국제화된 경제활동의 영역 및 공간이 확대되어 감에 따라 세계화의 정의가 다음과 같

이 확장된다. 첫째, 정의 1은 세계화를 '다국적 기업의 새로운 전략'으로 정의한 경우인데 즉 다국적 기업의 새로운 전략으로서 세계화는 국제무역과 관련된 시장의 세계화를 의미한다. 둘째, 정의 2는 세계화를 '세계수준에서 통합된 가치사슬의 경영'으로 정의한 경우인데 즉 세계화가 기업활동의 다른 영역-즉 연구개발, 엔지니어링, 생산, 유통, 서비스 및 금융 등으로 확장되면 단순한 다국적기업의 전략과는 구별되는 세계적 차원에서 완전히 통합된 경영형태를 의미하게 된다. 셋째, 세계화를 '국제거래의 지리적 패턴의 확대'로 정의한 경우인데 이는 국제거래가 발생하는 지리적 패턴에 초점을 맞춘 지역화 또는 지역경제통합으로서 세계화를 의미한다. 국제무역의 대부분은 북미, 아시아, 유럽이라는 3개의 무역블록 내에서 이루어지는 반면 블록간에 교역은 GDP의 10% 이하이며 저임금과의 교역도 3-5%에 불과하다. 넷째, 정의 4는 세계화를 '과거의 국제경제단계와 구별되는 질적 변화'로서 정의한 경우인데 이는 과거 경제는 국민국가 수준에서 진행되는 과정들의 상호작용에 의해 결정되므로 '국제적'이었는데 반해 오늘날 경제는 통합된 하나의 단위로서 '세계화 된 경제' 또는 '완전히 통합된 세계시장'으로의 전환을 의미한다(백준봉, 2001, p.96-106).

이 책에서는 세계화에 대한 정의를 포괄적으로 경제활동의 영역 및 공간의 확장이라고 정의하고자 한다. 여기서 경제활동 영역은 시장, 생산, 금융, 연구개발, 직원, 경영을 지칭하며 경제활동 영역의 심화는 시장에서 시작하여 경영에 이르기까지 전 경제활동으로의 확대를 의미하며 경제활동 공간의 확장은 일국(一國)의 기업에서 국가, 대륙, 세계로 경제활동의 공간이 확장됨을 의미한다.

이 정의는 경제 부문에서의 가장 일반적인 정의 즉 '한 나라의 경제사회가 세계경제사회의 한 부분으로 통합되어가는 과정'을 비롯해 '재화 및 서비스뿐만 아니라 자본, 노동, 기술 등 생산요소들의 국제적 거래가 증가하는 현상 또는 그에 따른 국가들 간 경제적 상호의존성의 증가하는 것'(IMF, 1997; UNTAD, 1997), '다른 나라 사람들과의 관계가 보다 깊어지고 의존성이 확대되어가는 것'(Daniels, Lee & Daniels, 2002) 등을 포괄한다 할 수 있다.

이러한 세계화 정의를 사업의 관점에서 보면, 세계화는 외국에서의 물리적 실재 외에도 세계시장을 바라보는 관점과 기업의 자원을 세계시장으로 공급하기 위한 조직의 방식에 초점을 두어야 함(Johns, 1998)을 의미하며, 이는 사업의 조직이나 기반이 전세계적으로 구축되는 것을 뜻하며 전세계의 다양한 곳을 상품의 획득이나 생산을 위한 조달처 또는/그리고 시장으로 보는 것과 관련된다(Kuntz, 1998)고 할 수 있으며, 실제로 최근 대부분의 사업경영은 생산, 기술, 마케팅이 세계적으로 통합된 부가가치사슬에 연계되는, 즉 국경 없는 환경에서 이루어지고 있다(UNIDO, 1996).

[표 2-1] 세계화의 기존 정의 유형

국제화의 확장(→→)

국제화의 심화(↓↓)

	기 업	생산 부문	국 가	대륙 지역	세 계
시 장	**정의 1:** 동일한 생산물의 전 세계적 판매			자유무역지 대 창설	세계적 차원에서 통합적인 자유무역
생 산	전세계 생산 활동	국민적 과점의 해체			
금 융	모든 시장에서 자금조달		**정의 3:** 가장 국제화된 주체에게 유리하게 국민적 타협을 재편		세계 수준에서 전면적으로 통합된 금융조직
연구개발	세계 도처에서 좋은 아이디어 채택				
직 원	국적에 관계없이 재능 있는 사람 채용				
경 영	**정의 2:** 세계 수준에서 통합된 가치사슬의 경영		사회적 연대공간으로서 국민국가의 종말	경제행위자에게 부과되는 게임규칙의 다자간 토대를 재구축 (EU, NAFT 등)	**정의 4:** 완전히 통합된 하나의 단위로서 세계경제의 기능
	기업전략의 세계화	경쟁공간의 변화	국민국가의 사회적 재편	지역 통합	전세계 질서의 세계화

자료: '세계화'와 자본주의의 구조 변화 – R. 브와이예의 논의를 중심으로, 백준봉, 2001, 한국사회경제학회(ed), *세계화의 도전과 대안적 자본주의의 모색*(p.96), 사회경제평론 제 16 호, 서울: 풀빛.

2. 세계화의 추진 요소

세계화는 포괄적 정의로써 경제활동의 영역과 공간의 세계적 확장을 함축하며 한 나라의 경제가 세계경제로 통합되어가는 과정이다. 이러한 세계화를 가능하게 하는 추진 요소나 힘에 대해서 많은 학자들에 의해 다양하게 언급되어왔다[2]. 세계화를 추진하는 주된 요소로서 가장 많이 언급되었던 것/힘은 다음과 같은 것들이다.

첫째, 정보기술(IT)과 커뮤니케이션으로 이는 세계화를 가져온 가장 강력한 요소이다(김기환, 2001; 윤윤수, 2001; 박기안, 2002). 세계 모든 곳의 모든 사람들로 하여금 동시에 새로운 것을 듣고, 보고, 경험하게 하는 정보와 커뮤니케이션 기술은 표준화된 상품을 위한 세계적 시장을 등장케 하였고(Johns, 1998), 나아가 세계적 규모로 모든 종류의 경제적 거래를 동시에 가상적으로 이루어지게 하였을 뿐만 아니라 거래 비용을 충격적으로 감소시켰다. 따라서 많은 산업에서 세계적 시장뿐만 아니라 세계적으로 통합된 생산 체제가 등장하였다. 사실 IT혁명의 영향은 매우 커서 현재 많은 사람들이 세계화에 대해 이야기 할 때 IT혁명과 세계화의 두 개념을 상호교환적으로 사용하기도 한다(Kim, 2001).

둘째, 개방화에 따른 무역장벽의 감소와 자유무역의 확대도 세계화를 추진하는 주요한 요소이다(Kuntz, 1998; Kilduff, 2000; 김완순 외, 2000; 김기환, 2001). 국제교역이나 자본의 이동에 관

---

2 세계화의 추진 요소는 학자들에 따라 다양하며 산업의 세계화 추진 요인으로는 대체로 시장 요인, 비용 요인, 정부 요인, 경쟁 요인 등 크게 4가지로 분류하고 있으며 이 요인들은 세계적 전략의 필요성을 결정하는 주요 산업 요인이 된다(국제경영연구회, 1994).

한 제도적 장벽들이 점차 제거되거나 철폐되고 있다. 우루과이 라운드[3]라는 성공적인 협상의 결과는 무역장벽을 감소시켜 국제간 무역을 증진하고자 함을 기본 목적으로 하는 WTO[4]로 이어졌다. 이로써 재화뿐만 아니라 서비스 무역에서도 자유화를 이루었으며 여기에 이어 국가간 투자흐름도 자유화시킴으로써 WTO 이전에는 전혀 예상치 못했던 정도로 세계경제를 통합시키고 있다. 과거 보호주의의 발로로서 관세 및 비관세 장벽으로 구분되었던 국내시장과 해외시장이 점차 통합되어가고 있다. 이러한 세계경제의 통합화(세계화) 경향은 세계무역 및 기

---

[3] 우루과이 라운드란 GATT 7차 협정인 도쿄라운드 종결 이후 기존의 GATT 체제를 대체할 수 있는 새로운 무역협정의 필요성을 절감하게 되어 1986년 9월 우루과이의 푼타 델 에스테에서 열린 8차 각료회의이다. 여기서 농업부문, 서비스분야 및 지적 재산권에 대한 논의를 비롯한 광범위한 의제에 대한 새 협상 시작하였는데 거의 8년에 걸쳐 1994년 125개국 각료들이 최종합의서에 서명하면서 이 협정은 종결되었다. 그 결과 몇 가지 주요한 결과들이 나왔는데 그 중 섬유산업과 가장 관련이 있는 다자간 섬유협정과 같은 수입제한적 규제들이 철폐되거나 제한되어 다자간 자유무역이 크게 강화되었고 UR섬유협정이 체결되었고, 강력한 이행을 이끌 세계무역기구가 창설되었다(박광회 외, 2000).

[4] WTO는 GATT 제8차 다자간 무역협상인 우루과이 라운드의 타결로 1995년1월 새로이 출범한 세계무역기구로서 2000년대 초까지 새로운 국제무역환경으로써 국제통상질서를 규율화하게 되었으며 세계 각국의 수출입 및 경제성장에 지대한 영향을 미치고 있다. WTO출범 이후 무역 및 외국인투자의 신장세가 점차 가속화되면서 세계경제의 통합도 빠른 속도로 이루어지고 있는데 그 배경에는 냉전체제의 붕괴, 세계 각국의 상호의존도 증가, 과학 및 기술의 발달, 소비재의 생산방식과 소비자 기호의 변화 등이 상호작용하면서 세계경제의 글로벌화 및 정보화가 급속하게 진행되고 있기 때문이다(박완순 외, 2000).

업활동에서 다음과 같은 변화를 초래하고 있다. 즉 국내외적으로 세계적 경쟁이 거의 모든 경제활동 분야에 걸쳐 현저하게 커지며, 세계적 조달을 포함한 기업활동의 다국적화 및 초국적화가 한층 활발해지며, 치열해지는 경쟁에 보다 잘 대처하기 위해 기업간의 국제적 제휴가 생산, 기술, 경영, 판매 등 여러 분야에 걸쳐 적극 추구된다.

셋째, Fatt(1967), Britt(1974)와, Killough(1978) 등은 점차 국제화되고 있는 라이프스타일 그리고 소비자 관심, 취향의 점진적인 동질화 경향을 제시하면서 고객의 필요와 관심이 전세계적으로 점차 동질화 되고 있음을 언급하였다(Douglas & Wind, 1987)[5]. Levitt(1983)는 세계화의 힘이 전세계를 평이함으로 수렴시키고 있으므로 국가간 또는 지역간 선호의 차이는 사라지고 있고, 그 결과 새로운 상업적 현실 즉 세계적으로 표준화된 상품을 위해 세계 시장이 폭발적으로 등장하고 있다고 하였다. 이러한 소비자의 취향과 관심의 동질화도 세계화를 이끄는 요소라고 할 수 있다.

이상에서와 같이 정보기술(IT)과 커뮤니케이션의 혁신, 개방화에 따른 무역장벽의 감소와 자유무역의 확대, 소비자 취향과 관심의 동질화는 세계화를 21세기 신문명의 새로운 기준으로 등장시키고 있으며 세계화는 모든 산업에 영향을 미치고 있다.

---

[5] 이 책의 내용은 Douglas & Wind(1987)의 논문에서 인용된 것이지만, 이 논문에서는 실제로 'Myth of Globalization' 즉 국제화된 라이프스타일과 취향의 동질화를 반박하고 있으며 오히려 표준화된 상품과 상표의 동일한 전략의 적용에는 문제가 있음을 주장하면서 표준화와 적응(adaptation)을 다양하게 혼합한 대안적 전략을 제시하고 있다.

3. 산업 전반에 나타난 세계화 영향

정보기술(IT)과 커뮤니케이션의 혁신, 개방화에 따른 무역장벽의 감소와 자유무역의 확대, 소비자의 취향과 관심의 동질화로 인해 각국의 산업과 기업의 경제활동의 영역과 공간이 확장됨에 따라 다양한 측면에서 세계화로 인한 영향이 등장하고 있다.

우선 개방화에 따라 국제무역과 해외직접투자가 급증[6]하면서 과거 국민적 토대에 기초한 과점적 경쟁체제는 국경을 넘어선 격렬한 경쟁체제[7]로 변화하였다(백준봉, 2001). 자동차에서 식품, 의류까지의 넓은 산업 범위에서 그리고 과거 보호를 받았던 공공서비스 분야에서까지 세계적 경쟁이 심화되고 있다(Craig and Douglas, 1996). 더욱이 최근 경제위기를 겪었던 아시아 국가들을 비롯한 많은 개발

---

[6] 김일경(2001)은 세계화의 추이를 설명함에 있어서 세계화의 정도는 국제무역과 해외투자의 정도로 표현될 수 있음을 언급하면서 세계 교역량은 해마다 증가했으며 1985년도를 제외하고는 세계교역량의 증가가 세계 전체 생산 증가를 초과했다고 하였다. 그리고 국제투자에서도 약 20년간의 국제투자 수준이 급등하고 있는데 즉 세계 전체의 해외직접투자는 1980년대 5,066억 달러에서 1998년 4조 880억 달러로 급속하게 증가하였음을 밝히고 있다.

[7] 1950-1960년대 소규모 국가들을 제외한 대부분의 OECD경제는 국제무역의존도가 낮았으나 1970년대에 들어서 대규모 기업들은 국내수요가 제한적이라는 것을 인식하였다. 1980-1990년대를 거치면서 대부분의 국내생산자들도 점차 수출을 자국시장의 포화가능성에 대한 보완활동에서 수요체제의 중요한 요인으로 간주하였다. 그리고 무역장벽의 제거는 이전에 다소 높은 관세로 보호되었던 다양한 국민적 공간간의 경쟁을 강화시켰으며 비용 및 가격경쟁뿐만 아니라 품질, 서비스, 기술혁신에 의한 경쟁으로 그 성격도 확대되었다. 이는 과잉생산설비, 외국제품의 국내시장의 침투를 통해 국민적 과점체제를 해체하게 되었고 경쟁의 국제화는 내수지향 성장에서 수출주도 성장으로 전환을 촉진하였다(백준봉, 2001).

도상국에서 선진국들의 선진 기업들의 현지시장 진출의 확대로 인한 급격한 세계적 경쟁이 등장하였다(박영호, 2000).

둘째 이러한 격렬한 세계적 경쟁체제는 기업에 생산성 향상 압력을 가하면서 이는 제반 생산요소가 효율성이 높은 부문으로 재분배되는 분업의 고도화를 가져왔다(문철한 외 6인, 1997). 다국적(multi-national), 초국적(transnational), 세계적(global) 기업의 등장은 해외생산네트워크 체제의 구축을 가져왔고 이들로부터 비롯된 세계적 경쟁은 기업들로 하여금 세계에서 가장 저렴한 원가구조를 갖는 국가로 생산 활동을 이전하도록 하였으며 이들을 통합하여 다변화된 생산, 판매를 갖춘 네트워크 체제를 형성하게 하였다. 이는 효율적인 국제적 분업을 창출케 하였는데 즉 기업들로 하여금 최적의 기술, 입지 조합을 실현하기 위하여 생산 활동을 세계적으로 분산케 하면서 그동안 제품 단위로 특화되어 왔던 국제분업구조를 공정단위로 더욱 세분화시켰다(최철, 1991; 민경휘, 1996).

세계화에 따른 이러한 현상으로 인해 선진국에서 제조부가가치(MVA) 성장의 둔화, 노동집약산업의 성장 저하와 고기술산업의 성장 상승의 결과를 가져왔으며 따라서 저기술 노동집약적 산업의 제조에서 국제경쟁력의 상실을 초래하였고 일부 저개발도상국에서는 저기술 노동집약적 산업의 성장과 국제경쟁력의 상승을 가져왔다. (UNIDO, 1996a). 그러나 개발도상국은 기업특유의 경쟁우위를 보유하지 못하였으므로 개발도상국이 생산능력을 판매하기 위해서는 더욱 저렴한 노동력을 제공해야 하는 압력에 처하게 되었다(최철, 1991).

셋째 세계화의 동인이 선진국에서 개발도상국으로 점차 확대되고 있다. 김일경(2001)은 경제의 무게중심이 선진국에서 개발도상국으로 옮겨가고 있다고 하였다. 즉 경제자유화는 경쟁, 효율성,

혁신, 새로운 자본투자, 그리고 더 빠른 경제성장을 촉진시켰고 시장 메커니즘의 도입은 개발도상국 경제가 선진국 경제를 따라 잡도록 하였고 이는 세계경제의 무게중심이 이동되고 있음을 의미한다. 이러한 개발도상국의 성장가능성 그리고 선진국, 신흥공업국에서 후발개도국으로 이어진 자유시장주의는 무역장벽을 없애고 투자를 자유화함으로써 선진국에서 개발도상국으로 세계적 경쟁이 확대시켰고 이는 개발도상국으로 하여금 세계화에 대응하도록 유도하였다(박영호, 2000; 김일경, 2001).

마지막으로 세계화는 전세계에서 북미, 아시아, 서유럽이라는 3개의 무역블록을 형성케 하였다. 이에 대해서 학자들에 따라서 견해의 차이가 있다. 즉 격심한 세계적 경쟁은 주권 국가들의 지역적 통합을 가져오게 하였다고 보는 견해도 있으나 대체로 지역화는 세계화와 보완적 관계에 있다고 보며 지역경제의 통합을 세계화 과정의 일부분으로 보는 견해가 지배적이다[8](문철한 외 6인, 1997; Kuntz, 1998; 한국사회경제학회, 2001). 더욱이 최근 세계경제가 다자간 협력을 우선하는 **WTO**를 중심으로 통합될 것이라는 기대와는 달리 최근 더욱 많은 지역공동체가 등장하고 있는데 이는 단기적으로 교역국들 간의 관세 철폐를 통한 교역증대효과, 그리고 수입된 역외수입품의 역내국 제품으로 전환, 장기적으로 역내국에 투자증대효과를 기대할 수 있기 때문이라고 본다(김완순 외, 2000). 따라서 지역화는 일반적으로 세계화의 통합과정 중에서 야기되는 갈등으로 생각한다.

---

[8] 세계화와 지역화는 갈등을 일으키기도 하지만 상호보완적 결과를 가져오는데 즉 역외 기업들로 하여금 거대시장에 해외투자 하도록 유인함으로써 각국의 경제통합을 가져올 수 있다고 생각한다(문철한 외, 1997)

제2절 패션산업의 특성과 세계화

패션산업의 세계화 추세를 연구하기 위해서는 산업 전반에 걸쳐 나타난 세계화 영향뿐만 아니라 패션산업만이 갖는 고유의 특성에 기인한 세계화 특성을 살펴보아야 한다. 따라서 다음에서는 패션산업의 특성 그리고 패션상품/산업과 세계화 논의, 패션산업의 무역 추이와 무역협정을 살펴보고자 한다.

1. 패션산업의 특성과 세계화 논의

패션상품은 짧은 제품수명 주기, 사회심리적 기준에 의한 선택, 시간경과에 따른 가치 변화, 소비자 기호 표현 등의 상품 특성(이은영, 1997)을 갖는 것으로 의류를 비롯하여 액세서리류, 신발류, 가정용품 등의 다양한 상품분류를 포함한다. 패션산업은 언급된 패션상품의 특성에 기인하여 다른 산업과 구별된다.

첫째, 패션산업은 노동집약산업 동시에 기술, 지식집약적 산업이다. 특히 어패럴산업은 섬유 및 직물 산업에 비해 보다 저기술적, 저자본적이지만 노동집약적이고[9] 섬유직물 산업은 신소재, 첨단염색가공 등으로 매우 기술, 자본집약적이며 어패럴과 섬유, 직

---

[9] 어패럴 산업은 인간의 솜씨를 모사할 정도로 충분하게 솜씨 좋은 기술이 부재하기 때문에 노동비용은 항상 최종비용에서 높은 퍼센트를 차지하는, 노동비용이 매우 중요한 노동집약적 산업이며 이는 기술주도적 성장의 부재시 고임금 선진국 어패럴 기업들로 하여금 가격의식적 시장을 위해 저임금의 개발도상국으로 생산을 이동시키게 하는 결과를 가져왔다(Navaretti et al, 1995; Godley, 1997)

물을 포함한 패션산업은 매우 지식집약산업[10]으로 전환되고 있다.

둘째, 패션산업은 정보의 가치가 중요한 정보산업이다. 유행제품의 특성상 소비자와 유행정보가 매우 중요하며 이에 대한 정확한 정보수집 및 분석 그리고 이에 대한 예측은 패션산업의 성패를 가늠하므로 매우 중요하다(박광희 외, 2000). 특히 패션산업에서는 섬유제조에서 패션 완제품에 이르기까지 다소 긴 공급경로로 인해(브래들리 외, 1993) 그리고 최근 매우 단축된 유행주기로 인해, 다양해지고 세계적화 된 소비자 취향으로 인해, 전세계로 퍼져있는 생산과 판매 네트워크체제로 인해 신속하고 정확한 정보의 분석과 예측은 더욱더 중요해지고 있다.

셋째, 패션산업은 저가품과 고가품의 가격차이가 큰 산업이다(정준연, 1991). 패션상품은 중저가 대량 생산상품과 패션지향적 고부가가치 상품으로 대별된다. 이러한 상품 유형은 요구되는 서비스 조건이 다르므로 이에 따라 상품 공급전략에서 조달조건이나 조달위치가 결정하는 요인이 되기도 한다(Walwyn, 1997). 그러나 패션산업은 일반적으로 원단에서 패션완제품에 이르는 공급사슬에서 유행과 디자인, 소재선택, 미적감각 표현방법에 따라 부가가치가 매 단계마다 높여질 수 있는 그리고 브랜드 이미지와 스타일 등에 따라 고부가가치를 실현할 수 있는 산업이다(박광희 외, 2000).

넷째, 패션산업은 관련산업의 의존도가 높은 산업이다(정준연, 1991; 박광희 외, 2000). 어패럴산업의 경우 생산공정 관점에

---

[10] 섬유산업은 신소재, 첨단염색가공, 패션 디자인 개발 등 신기술, IT를 바탕으로 고부가가치 창출이 용이한 지식집약산업이며(김칠두, 2002)이며, 패션산업은 소자본으로 기업화가 가능한 특성을 지니면서 제품의 기획, 패션디자인 질에 따라 상품가치를 창출할 수 있는 지식집약형 산업이다(박광희 외, 2000)

서 보면 최종 생산단계인 소비제품을 생산하는 업종으로 원사, 직물, 염색, 부자재 등의 섬유 관련 산업뿐만 아니라 재봉기, 편직기, CAD/CAM 등 기계 및 전자산업과도 연계성이 높은 산업이며 타 산업과도 유기적인 정보교환이 필요한 산업이다. 특히 최근 유행주기가 매우 단축되고 소비자 요구가 다양해지고 있으므로 관련산업간이 신속한 정보 교환과 생산기간과 유통기간의 단축이 필수적이다.

이러한 패션산업의 특성은 다른 산업과 매우 다르며 따라서 세계화 환경에 대한 적응도 다르게 나타날 수 있다. 다음은 패션산업 특성과 관련하여 언급되었던 세계화에 대한 기존 논의들이다.

최근 패션산업의 세계화 논의는 두 가지 유형으로 분류될 수 있다. 첫째는 패션산업의 국제화/세계화 논의로, 제2차 세계대전 이후 OEM방식의 생산 활동 해외 이전에서부터 선진 세계적 패션기업의 세계적 생산과 판매 네트워크체제로의 확장에 이르는 전세계 패션산업의 세계화에 대한 논의이다. 이는 본 논문의 제2장에서 중심적으로 논의된다. 둘째는 패션산업/상품의 특성으로 인해 세계화가 필연적인가에 대한 논의이다 (Moore, 1997; 1998; Johns, 1998a; 1998b; Kuntz, 1998). 전자는 본 논문에서 중심적으로 다루어질 내용이므로 여기서는 후자의 내용에 대해서만 간략히 언급하고자 한다.

패션산업/상품의 특성상 세계화가 필연적인가에 대한 논의를 부정적 관점과 긍정적 관점을 살펴보면 다음과 같다. 패션산업의 세계화에 대한 부정적 관점은 다음과 같은 일반적인 관점에서 비롯된다. 즉 일반적으로 자본화의 요구, 규모의 경제, 생산라인의 폭 때문에 상대적으로 규모가 큰 회사가 세계화 되기 쉽다고 많은 패션산업 관련자들은 생각한다. 또한 여러 문헌들에서 세계화된 상품이나 시장으로 언급되었던 사례들은 고기술(high-tech) 상품이나 시장들이다. 그러나 패션산업의 경우 일반적으로 규모의 경제가 다른 산업보다 상대적으로 덜 중요하며 자본화의 요구도 상대적으로 적으며, 패션산업의 규모도 대체로 소규모이고, 기술적 측면에서도(직물부문에서는 다르지만) 새로운 방법을 나타내는 패션제품은 거의 없다고 볼 수 있다. 이러한 특성들은 패션산업 분야에서 세계화에 대한 압력이 상대적으로 적으며 실제적으로 세계적 전략을 채택해야 하는 필연성도 상대적으로 약하다는 주장을 가져오게 한다. 즉 패션산업은 세계적 통합의 힘이 상대적으로 약하고 의류제품 자체가 지역적 다양성이 큰 상품이고 따라서 패션산업의 세계화의 힘이 약하다(Greenwood, 1996; Johns, 1998a; 1998b, Moore, 1998)[11].

패션산업의 긍정적인 관점은 동일한 측면을 반대로 보는 것으로 유연성, 틈새(niche)시장 능력, 독특하고 차별화 된 상품, 높은 마진 상품/시장 때문에 규모가 작은 회사들도 세계화 되기 쉽다고 보는 관점도 있다(Johns, 1998a; 1998b; Kuntz, 1998). Dawson도 패션산업은 해외시장으로의 이전(transferability)을 제한하는 문화적 차원에서의 속박이 적으므로 패션소매업에 많

---

[11] Johns(1998)는 영국 패션산업의 세계화에서 유럽과 남동아시아 지역 간에 취향과 패션에 차이가 존재함을 언급하면서 의류시장은 세계적으로 덜 동질적이며 의류는 여전히 문화적 경계를 갖는 상품이라고 하였고, Moore(1998)도 패션소매업체의 국제화에서 문제점으로 국가 간 소비자들의 패션취향의 차이점을 언급하고 있다. Greenwood(1996)은 영국패션소매업체의 국제화과정 연구에서 무역장벽의 제거나 경제적 동맹이 구매행동 차이의 제거나 회원국간의 동질성을 보장하지 못한다고 하였다.

은 기회가 있음을 지적하면서 소규모, 상대적으로 진입과 퇴진의 용이성, 명확한 소비자 세분화, 동일 상표에서 상품과 점포의 이전, 상표나 컨셉의 프랜차이징 적합성, 외국 소매업자 연계, 복제의 경제성 등으로 패션소매업에서 국제화를 용이하게 한다고 하였다(Moore, 1997). 부정적 관점에서는 세계적 통합의 힘이 약하고 지역적 다양성이 크다고 주장하지만 이와는 반대로 여러 사례들에서 세계적 통합의 힘이 큼을 실증해주고 있다. 패션산업에서 세계적 고객 세분화를 성공적으로 수행하여 표준화된 제품과 상표를 개발한 사례(Dior, Patou, Yves St. Laurent 향수 등의 패션제품)들도 많으며(Douglas & Wind, 1987), 특히 세계적 공급체인 관리로 인해 성공적인 세계적 패션기업의 사례도 많은데 스웨덴의 Zara, 이탈리아의 Benetton 등의 사례들이 있다(Daniels & Daniels, 2002).

이러한 논의는 패션산업에서 세계화가 필연적인가에 대한 것이라기보다는 세계화 자체의 논의인 표준화-적응, 또는 동질화-이질화의 논의이기도 하다. 즉 세계화의 진행에서 야기되는 과정의 문제라 사료된다. 따라서 이 책에서는 세계화에 대한 논의를 경제활동의 영역 및 공간의 확장에 한정하여 진행하고자 한다. 패션산업의 세계화 논의를 위해서는 우선 세계적 관점에서 패션산업의 추이를 살펴보아야 한다. 다음에서는 패션산업의 국제무역 추이를 살펴보았다.

2. 패션산업의 국제무역 추이와 무역협정

패션산업의 세계화에 대한 이해를 위해서는 역사적 측면에서 국제무역의 주된 변화 추이를 살펴보는 것이 도움이 된다. Dickerson(1999)은 패션산업의 국제무역의 변화를 다음과 같이 요약하고 있다.

산업혁명 시기에 선두자로서 영국 그 뒤를 이어 미국과 다른 유럽 국가에서 직물 산업은 산업혁명의 흐름에서 중요한 역할을 수행하여왔다. 경제발전을 위한 첫번째 도구로서 직물산업의 이용은 영국의 예로부터 등장하였으며 서구유럽의 다른 국가들과 미국은 이를 모방하였다. 그 이후 경제와 무역에서 세계적 복잡성으로 이동을 시작하였는데, 즉 자본주의체제와 자유주의적 정치·경제적 관념이 17, 18세기의 중상주의(mercantilism)을 대체하였다. 대략적으로 살펴보면, 나폴레옹전쟁~1차세계대전(1814-1914) 시기는 국제적 경제를 발전시킨 시기로, 국가들 간에 전문성이 개발되었고 정부보다는 시장의 힘이 무역을 규제하였으며 이 기간 동안 국제적 경제적 상호의존성 개념이 발전하였다. 그리고 1800년대 후반과 1900년대 초에 경제적 국수주의(economic nationalism)가 등장하였고 이는 수입으로부터 자국의 시장 보호를 가져왔다. 국제 무역은 이전보다 더욱 예측하기 어려워졌고 2차세계대전 이후 IMF, GATT가 등장하면서 잠시 안정성을 되찾기 시작하였다. 20세기 이후 국제무역의 팽창은 대륙과 국가들을 연결시켰고 현재의 세계적 패션산업과 시장을 창출하였다. 그러나 패션제품의 생산을 시작하는 개발도상국의 수가 점차 증가하였고 개발도상국의 패션제품 수출은 그들 국가의 성장을 위한 지렛대가 되었으며 선진국들의 개발도상국이 견제는 패션산업에서 격심한 세계적 경쟁을 가져왔다(p.48).

2차세계대전 이후 개발도상국으로 인해 격심해진 어패럴산업의 경쟁에 대해 Zhang(1997)은 어패럴제품의 국제무역에서 새로운 중요한 무역패턴이라고 언급하였다. 많은 개발도상국이 주요한 수출국으로 등장하였고 대부분의 선진국들이 주된 수입국으로 변화하였다. 1971-1992년간의 OECD의 어패럴 수출·입은 'N'형태를 이룬다. 즉 1971-1980년 동안 꾸준한 증가하였고 1980년 전반에 성장을 멈추다가 하락하였고 1984-1992 급격한 성장하였는데, 특히 OECD국가들의 수입을 살펴보면 초기에는 OECD국가들 간의 무역이 큰 퍼센트를 차지하였지만 비OECD국가들의 퍼센트가 점차 지속적으로 증가하여 1971년에는 1/3를, 1992년에 2/3을 차지하였다. 즉 개발도상국들이 OECD국가들의 어패럴 수입시장의 중요한 공급원이 되었음을 언급하였다.

섬유산업의 국제무역에서도 유사한 양상을 보이고 있는데 즉 1960년대 초까지는 주로 선진국간에 교역이 이루어져왔으나 70·80년대에는 선진국과 개도국 간의 교역이 주류를 이루어왔으며 1990년대에는 개발도상국의 값싼 제품에 밀려 선진국 제품이 경쟁력을 상실하여 선진국들은 새로운 무역구조를 취하게 되었다(박광회 외, 2000).

전세계 패션산업에서 개발도상국의 위협은 선진국의 다양한 무역규제를 가져왔고 이는 오래 전부터 노동집약적 특성으로 국제화를 지향하였던 패션산업의 국제무역을 왜곡시켰고 패션산업의 국제화 및 세계화를 지체시켰다(Dickerson, 1999; 박광회 외, 2000). 패션산업에서 주된 무역협정을 살펴보면 다음과 같다.

첫째, 다자간 섬유협정(MFA: Multi Fiber Arrangement)은 GATT가 주관이 되어 섬유류 수출입국간 1973년 12월에 체결되어 1974년 1월 1일부터 발효된 섬유수입국과 수출국 상호간에 맺어진 국제협정이다. GATT가 주관이 되었으나 섬유제품이 일반 공산품이면서도 유일하게 GATT의 체제를 벗어나 국가간 교역이 이루어지게 한 '수출자율규제'에 관한 국제협정이다[12].

둘째, UR섬유협정은 우루과이 라운드 협정에서 WTO협정의 부속문서로 체결된 '섬유 및 무역에 관한 협정(agreement of Textiles and Clothing: UR섬유협정'이다. 1974년부터 세계 섬유교역은 MFA를 근거한 교역 상대국간 쌍무협정에 의해 수량을 규제 받아왔다. UR섬유협정은 그동안 자유무역을 표방하는 GATT체제에서 보호무역적 색채가 짙은 MFA라는 차별적 협정에 의해 선진국이 후진국의 수출수량을 규제해온 섬유협정을 GATT의 일반원칙을 적용하여 교역이 이루어지도록 하였다. 즉 30년간 존속되어온 MFA를 철폐하고 2005년 1월 1일부터 섬유류 교역과 관련된 모든 수입제한조치를 철폐하고 GATT에 통합하여 GATT의 규범과 원칙의 적용으로 자유로운 섬유교역이 이루어지도록 한 것이다[13].

---

[12] 당시 선진국들은 GATT에서 인정하는 세이프가드나 반덤핑 등이 개도국으로부터의 섬유수입을 효과적으로 막지 못하자 GATT와는 별도로 주요 섬유수출국과 섬유교역을 제한하는 협정을 맺었다. 즉 1961년 국제단기 면직물 협정(STA), 1962년 장기면직물 협정(LTA)을 시초로 하여 1973년까지 시행하였고 1974년 이러한 협정들이 실효를 거두지 못하자 모 및 화섬제품에까지 수입규제를 강화하여 수출개도국 34개국과 선진섬유수입국 9개국 간에 MFA를 체결하였다. 이는 1994년까지 시행되었다. 이는 모두 선진국의 섬유산업을 보호하기 위해 개도국의 섬유수입규제를 목적으로 국가별 수출 물량, 수출 물량의 연평균 증가율, 수출 품목에 대한 제한을 주요 내용으로 한 다자간 섬유협정이었다(박광회 외, 2000).

[13] UR섬유협정은 전문과 총9조로 되어있으며 섬유류 교역의 완전자유화가 이루어지는 기간(1995년 2005년까지) 동안 적용되는 한시적 규정으로 협정적용 대상범위는 MFA적용 572개 품목에 새로운 233개 품목이 첨가되었으며 GATT로 복귀시키는 방법은 10년 동안 3단계로 실시하는 것을 명기되었다. 그리고 MFA가 GATT로 복귀되

MFA와 WTO체제가 패션산업에 미친 영향에 대해 Antoshak (2001)은 MFA의 쿼터에 의한 수출량 제한은 선진국의 수입 증가 속도를 저하시켰으나 전세계적으로 무역을 확산시키는 결과도 가져왔던 반면 GATT는 많은 제품들에서 쿼터를 제거함으로써 전세계 패션산업으로 하여금 최적의 가격을 위해 전세계를 탐색하도록 할 것이며, 더욱이 생산 효율성 때문이 아니라 쿼터 때문에 패션산업을 지속할 수 있었던 국가(한국과 대만을 포함한 신흥공업국)들을 아마도 퇴출시킬 것이며, 패션제품의 가격을 지속적으로 저하시킬 것이며, 전세계의 많은 패션기업들이 퇴출되고 실업률이 증가할 것이라고 하였다. 박광회 외(2000)은 MFA와 GATT의 효과에 대해 MFA는 경쟁력 있는 제품의 수출제한, 쌍무협정에 따른 수출환경의 급변, 쿼터 관리비용과 자원배분의 비효율성을 가져왔으나 GATT는 세계적 경쟁의 심화, 새로운 무역장벽의 등장(환경문제, 기술문제, 노동문제), 덤핑제소 급증, 개별 국가의 정부역할의 축소와 기업역할의 확대 등을 가져온다고 하였다. 김완순 외(2000)는 WTO 출범이 우리나라 패션산업에 미친 영향에 대해 미국, 일본 등 선진국들이 섬유제품에 대해 관세를 인하하면 우리의 수출여건이 개선될 것이며 수출자유규제(VER)가 철폐되고 반덤핑발동절차가 강화됨으로써 수출환경이 개선될 것이다. 그러나 섬

는 동안 급격한 쿼터축소에 의한 수입증가로 수입국 산업이 피해를 받을 경우에 대비해 GATT 하에서 일반적으로 인정되고 있는 세이프가드 외에 섬유분야에만 특수하게 적용되는 잠정세이프가드를 취할 수 있도록 허용하고 있다. 시장접근에 대한 상호주의를 적용하기 위해 수입국뿐만 아니라 수출국도 GATT원칙에 따라 섬유시장 개방을 확대할 것을 의무화하고 있다. 이러한 것들이 제대로 이행되는지를 감독 조사 하기 위한 섬유감시기구(TMB: textiles monitoring body) 설치 등에 관한 내용도 명기되어 있다(박광회 외, 2000).

유수출쿼터가 점진적으로 철폐되면 중국 등과 치열한 시장경쟁과 쿼터보유 수출대국으로서의 기득권의 상실 때문에 다각적인 대응책 마련이 필요한 실정이다(김완순 외, 2000, p.49-74)

패션산업은 1차세계대전 이후부터 국제적 경제가 발전하기 시작하여 최근의 범세계적 경쟁에 이르기까지 다양한 무역규제와 협정을 거쳐 전세계 자유무역을 목적으로 한 WTO의 UR 섬유협정에 이르렀다.

다음에서는 세계화 즉 경제활동 영역의 확대와 지리적 공간의 확장이 위와 같은 특성을 지닌 패션산업에서는 어떠한 추세로 나타나는지를 문헌적으로 연구하였다.

제3절 패션산업의 세계화 추세

패션산업에서 종종 세계화를 단순히 생산지의 해외이동으로 잘못 인식하는 경향이 있고(김용주, 1999) 어패럴 생산의 분산적 특성에 기인한 아웃소싱(outsourcing)을 세계적기업의 지표로 사용하는 등 패션산업의 세계화 개념에 대해 혼란이 있으므로 (Johns, 1998), 패션산업의 세계화 추세를 명확히 할 필요가 있다. 다음은 문헌들에서 언급되었던 패션산업에서 나타나고 있는 세계화 추세들이다.

1. 교역과 해외직접투자[14] 확대 및 지리적 확장

생산기지와 원부자재 공급의 국제화에서 시작하여 1970년대 이래 다국가의 국제적 투자에 대한 보다 긍정적 태도로의 변화, 무역장벽의 감소 등으로 더욱 국제화는 심화되었다(Kilduff, 2000). 이러한 패션산업의 환경은 전세계 패션제품의 교역 및 해외직접투자를 전반적으로 증대시켰다. 특히 저렴한 생산경비의 추구로 인해 생산기지가 점차적으로 전세계 저생산경비의 개발도상국으로 이동하면서 지리적으로 확장되고 있다.

1) 유럽 중심에서 미주, 아시아로 확장

여러 연구들에서 서유럽의 선진패션산업들에서 수입품의 증가와 경쟁력 하락에서 대해서 언급하고 있다(Hines 1998, Hetzel 1998, Jones 2000, Silva et al, 2000, McLaren et al, 2002). 전반적으로 서유럽은 의류직물에서 계속해서 저비용국가들로부터 수입이 증가하고 있으며(Silva et al, 2000). 패션산업의 경쟁력은 이탈리아를 제외하곤 도급계약과 정보기술로 인한 생산성이 증가되었음을 나타내지만 경쟁력은 떨어지고 있다(Hines 1998). 더욱이 프랑스도 1988년 이후 수출은 매우 크게 증가하고 있음에도 불구하고 1985년 이래 어패럴의 해외무역에서 계속해서 적

---

[14] 해외직접투자(FDI)는 자국내의 생산요소인 자본, 생산기술, 경영기술 등을 해외로 이전하여 그 나라의 생산요소인 노동, 토지 등과 결합하여 생산 및 판매를 한다. (조동성, 1997). 해외투자는 모든 부품을 본국으로부터 수입하여 현지에서 단순히 조립 및 가공만 하는 형태로부터 완전히 현지국의 생산요소를 사용하여 제품을 생산하는 형태까지 이른다. 또한 현지자회사는 단독소유 자회사와 외부기업과의 공동투자에 의한 합작회사의 형태로 구분된다(장세진, 1996).

자를 기록하고 있다(Hetzel, 1998).

그러나 1990년 이후의 미국 패션산업은 1970년대, 1980년대 획기적 전환기를 맞이한 이후 산업체·정부·학계의 다각적 노력으로 경쟁력을 회복하였고(Dickerson, 1999), 세계 패션시장에서 시장점유율이 꾸준히 상승하고 있다(지혜경, 2002). 더욱이 중남미는 대미시장에서 특혜를 누리는 다양한 협정들의 체결과 저비용, 근접성, QR실행의 가능성으로 인해 조달이 증가하고 있으며(Kuntz, 1998), 대미수출시장을 겨냥한 중남미로의 생산지 이동도 상당히 증가하고 있다(Au & Yeoung, 1999)

또한 아시아는 1970년대부터 미국, 유럽, 일본 시장에 패션제품의 수출로 인해 큰 경제성장을 이룬 빅쓰리(big three: 한국, 홍콩, 대만)와 1980년대 이후 중국, 그리고 필리핀, 인도네시아, 말레이지아 등으로 이어지면서 지속적으로 패션제품의 생산 및 수출이 지속적으로 성장하고 있다(Kuntz, 1998).

특히1970년대와 1980년대를 통해 어패럴산업에서는 노동경비를 절감하기 위해 중남미, 아시아 개발도상국(LCDs)으로 해외직접투자(FDI)나 ICA(international contractual agreements)가 전략적으로 이루어졌다(Navaretti et al, 1995). 1985에서 1995년간에도 1990년에 잠깐 주춤했었지만 전반적으로 선진국으로의 FDI유입이 감소하는 반면 개발도상국으로의 FDI유입은 전세계 FDI유입의 24.5%에서 38.9%로 증가하였고 따라서 노동집약적 산업인 어패럴산업에서 중남미, 아시아 개발도상국은 선진국의 주요한 공급업자가 되었다(UNIDO, 1996b).

따라서 산업혁명 이후 국제적 패션제품의 무역을 주도하여 왔던 선진 유럽에서 패션산업의 세계화 추세로 인해 미주와 아시아로 교역과 해외직접투자가 확장되고 있다.

2) 개도국으로 세계적 경쟁의 확장(무역의 역흐름)

최근 선진국 시장에서 제3세계의 개발도상국 시장으로 숙련된 경쟁자들이 이동되면서 세계적 경쟁이 선진국 시장에서 개발도상국 시장으로 확대되고 있으며(Srinivas, 1995), 개발도상국이나 신흥산업국들은 확고한 세계적 경쟁자들에 대응하기 위해 국제적 경쟁우위를 위한 노력의 일환으로 1990년대 중반 이후 선진국의 중소기업들과 함께 세계화를 위해 국제시장에 진입을 시도하고 있으며(Craig and Douglas, 1996) 세계적 소매업체들도 이전에는 선진국에서만 국제활동의 초점을 맞추었으나 점차 개발도상국으로 관심을 돌리고 있다(Goldman, 2001). 선진 패션기업들이 세계화 전략의 일환으로 보호무역시장에 대한 시장 진입을 시도하였고, 따라서 아시아 개발도상국가와 신흥산업국들이 선진패션기업의 시장으로 전환되고 있다(Cooke, 1997; Zhang, 1997). 이렇듯 선진패션기업들이 신흥공업국을 비롯하여 개발도상국을 패션시장으로 인식하고 빠른 진출을 시도하는 이유는 이들 국가를 세계적 조달처로서 인식한 이유 외에 이들 국가의 빠른 경제성장, 그로 인한 새로운 소비자시장의 출현을 예상하기 때문이다.

개발도상국이 선진 의류직물 시장화되는 현상에 대해 Zhang (1997)은 다음과 같이 설명하고 있다. "개발도상국에서 일반인의 소득수준은 선진국보다 낮지만 소득의 불균형한 분배로 상류층의 소득은 선진국과 유사하다. 따라서 이들의 소비패턴은 선진국의 소비패턴과 유사하며 유사한 취향과 선호를 갖는다. 제품의 질, 패션성, 상징적 지위를 추구하는 이들은 선진국에서 수입된 상품을 추구한다. 개발도상국 경제의 발달, 가처분 소득의 증가는 새로운 소비자 시장이 출현을 가져왔고 최근 강한 경쟁에 직면한 선진국 의류기업에 중요한 사업기회를 제공하였다. MFA에서 우루과이 라운드 결론에 따르면 개발도상국의 많은 국가들이 잠재적으로 개방할 것인데 이는 선진 의류직물기업에 새로운 기회와 추진력을 제공하게 될 것이다…… 의류는 상품에서 매우 차별적이다. 저가 상품에서만 보더라도 디자인, 원자재, 패턴, 색채, 디테일 즉 '기술적 차이(technical differences)'을 갖는다. 이외에도 상표명과 상표 같은 눈에 보이지 않는 차별적인 요소도 있다. 개발도상국에서의 선진국 수입품들은 비싼 생산비, 높은 원부자재 가격, 선적비, 관세 등의 비용 때문에 그리고 고급 원부자재와 좋은 장인 기술로 인해 제품의 질이 좋기 때문에 그리고 최신 유행, 부와 지위를 상징하는 상표명 때문에 가격이 비싸다."(p.232-233)

패션선진국 기업들의 세계화와 더불어 패션시장에서 세계적 경쟁이 심화되고 있으며 더욱이 선진패션시장에 국한되었던 세계적 경쟁이 전세계 개발도상국 패션시장으로 세계적 경쟁이 확대되고 있다.

2. 지리적 근접성 및 무역블록화의 중요성 증대

패션산업에서 세계화는 지식기반적인 두뇌 기능과 물리적 활동의 분리 즉 국제적 분업만을 야기한 것이 아니라(Kilduff, 2000) 전세계에서 상품의 획득, 생산 그리고 상품의 판매와 관련하여 전세계적 조직체의 조직이나 그의 기반 구축을 야기하였다(Kuntz, 1988). 그러나 이러한 세계화는 생산과 판매에서 많은 문제점을 등장시켰다. 즉 원거리에서의 생산과 판매는 우선 시간과 품질 그리고 지역 반응성에서 문제를 가져왔다. 시간의 측면에 있어서는 제조리드타임과 적시 배달, 조기 반응 등과 같은 문제를, 품질의 측면에서는 커뮤니케이션과 정보비용 증가와 같은 문제를, 그 지역의 문화적 차이에 대한 반응성의 문제를 야기한다.

특히 문화적 언어적 차이, 커뮤니케이션 문제, 품질 통제, 배달, 리드타임 등의 문제는 더욱이 최근 패션사이클이 더욱 빨라지면서 그리고 지역적 수요가 빠르게 변화하면서 중요한 현안으로 등장하였다. 이러한 대응으로 의류직물 무역의 흐름은 지리적으로 근접한 지역에서의 생산에 초점을 맞추기 시작하였다. 즉 생산지와 소비시장의 거리를 최소화하여 운송비용을 줄이는 것이 임금이 낮고 거리가 먼 곳에서 생산기지를 두는 것보다 효율적이라는 것을 인식하자, 거리가 먼 아시아 수출국에서 전환하여 국경을 맞대고 있는 국가들로부터 시간을 잘 맞춘 생산과 신속한 재주문, 빠른 소비자 반응 등을 더 쉽게 얻어낼 수 있게 되었다(Popp et al, 2000).

미국 어패럴 제조산업은 비용절감 외에 제조리드타임 때문에 극동지역에서 멕시코와 카리브 해 국가들로 생산을 이동하였다(Taplin, 1999). 유럽 내에서는 극동지역과 같은 저노동비용 국가에서의 공급도 증가하고 있지만 동구 유럽의 저비용 공급업자들과 포르투갈과 같은 고비용 공급자들에게 기회가 주어지고 있다. 동구 유럽은 지리적 근접성으로 그리고 포르투갈과 같은 고비용 공급자들은 고품질 세분시장을 목표로 할 때 필수적인 배달시간과 유연성에서 유리하기 때문에 유럽시장에서 경쟁적 위치를 설 수 있는 기회가 주어지고 있다. 즉 원거리의 저비용 공급자들은 전문화된 틈새시장에 아직은 만족할 만한 품질을 제공하지 못하며 또한 배달시간 그리고/또는 신속한 반응을 요구하는 소량의 매우 전문화된 주문을 소화하는 능력이 부족하다. 즉 그들은 리드타임과 공급 물량 때문에 문제를 야기한다(Silva et al, 2000).

Zhang(1997)의 OECD국가들의 어패럴 무역구조 연구에서 유사한 결과를 밝히고 있는데, 즉 어패럴 수출 흐름에서 지리적 근접성이 중요해지고 있음을 제시하고 있다. 유럽OECD국가들은 대부분 유럽의 비OECD국가들에 수출을 하고 있으며, 다른 OECD국가들도 자국 시장에 근접한 비OECD국가들에 대부분 수출하고 있다. 미국이 가장 많이 어패럴 수출을 하는 지역이 미주 지역이고, 일본, 뉴질랜드, 오스트렐리아는 극동아시아에, 그리고 오스트렐리아와 뉴질랜드는 오세아니아에 상대적으로 많은 어패럴 수출을 하고 있었다. 전세계에 상대적으로 균등하게 수출하고 있는 이탈리아, 독일, 프랑스 같은 우세한 어패럴 수출국들을 제외하고는 지리적 근접성은 보다 낮은 운송비용, 커뮤니케이션의 용이성, 문화적 유사성, 상품 선호에서의 유사성으로 당연하다.

각 지역에서 지역협정[15]도 이러한 결과를 이끌어내는 요인으로 작용하였다. 아메리카 대륙에서 1987년 CBI, SR, 1992년 NAFTA, 등의 협정을 이끌어냈으며[16] 따라서 미국은 아시아 공급자들로부터 북미, 중앙 아메리카 지역으로 주요 수입국을 변

---

[15] 국제경제협력은 '범세계주의(또는 다자주의)'와 '지역주의'라는 두 형태로 이루어져왔는데 지역주의는 지리적(또는 문화적)으로 근접한 국가들 즉 일정 지역의 국가만을 대상으로 한 제한적 자유무역의 시도로 EU, NAFTA, APEC 등이 여기에 해당된다. 지역협정에는 자유무역지대, 관세동맹, 공동시장, 경제통합의 4단계로 구분할 수 있다(정홍주, 2001, p.134-150)

[16] 미국은 1987년 CBI(Caribbean Basin Initiative), 1988년 SR(Special Regime)의 협약을 통해 미국 내 어패럴 사업을 고무하여왔는데 전자는 위탁가공무역의 형태로, 후자는 멕시코가 미국시장에의 접근에 특혜를 제공하는 것이다. 1994년의 NAFTA는 미국, 캐나다, 멕시코 간의 자유무역협정으로 무역에서 여러 가지 이점을 제공하고 있다(Kuntz, 1998)

경하였다. 유럽도 EU회원국[17]들을 중심으로 동아시아 지역에서 수입량을 줄이고 1994년 이후 동유럽 국가들을 주요 수입국으로 변화시켰다(Kuntz, 1998).

Au & Yeung(1999)은 이러한 비관세 협정들에 대응한 신흥공업국들의 방안을 제시하고 있다. 즉 EU, NAFTA 등과 같은 지역적 블록화는 근접해 있는 회원국들에만 기회를 개방하고 있으므로 북미 시장이나 유럽 시장에서 판매를 위해서는 이 시장들과 근접해 있는 무역규제에서 우호적이고 생산비용에서 이점을 제공하는 국가들에서 생산거점을 설립하는 것이 바람직하다고 하였다. 즉 2005년 quota의 철폐, 낮은 생산비용(의류생산은 노동집약산업)을 고려해 볼 때 북미시장을 위해서는 지중해 연안국과 멕시코이고, 유럽시장을 위해서는 세계적 의류생산과 판매를 위해서는 바람직하다 할 수 있다고 하였다.

3. 어패럴산업에서 생산경비와 생산이동

패션산업은 노동집약적 특성으로 인해 개발도상국에 기회를 제공해왔다. 세계화는 노동력이 저렴하고 풍부한 지역으로 의류직물 생산이동에 박차를 가했으며 아프리카를 비롯한 전세계로 이동시킬 기초를 마련하였다.

선진 어패럴산업에서 저비용국가로 어패럴제품의 생산이동의 가장 주된 이유는 어패럴산업의 노동집약적 특성 외에 세계화로 인해 어패럴산업이 매우 경쟁적이 된 데 이유가 있다. 선진 어패럴산업에서는 노동력을 비롯한 생산비용이 노동절약

---

[17] EU의 경우 포르투갈, 북아프리카, 동구권 국가들과 역외 가공무역(Outward Processing Trade)의 형태로 이루어지고 있다(박광회 외, 2000).

기술과 생산성 향상에도 불구하고 여전히 저비용 국가보다 상대적으로 크며 선진 어패럴 시장은 세계적 경쟁이 이미 심화되었기 때문에, 선진 어패럴산업에서 지속적으로 저비용의 어패럴 수입품이 증가하고 있다. 세계화는 어패럴산업에서 생산기지의 세계화와 세계적 조달을 가져왔다. 특히 선진패션산업에서 낮은 부가가치의 또는 시간에 덜 민감한 표준화된 어패럴 생산은 보다 저렴한 생산비용 지역으로 이동되었다. 더욱이 강력한 패션소매업체의 등장은 제조업에서 소매업으로 힘을 이동시켰고 패션소매업체들의 저비용 상품에 대한 요구는 제조업체들로 하여금 더욱더 생산을 저생산경비 지역으로 이동하게 한다(Bruscas et al, 1998; Taplin, 1999; Silva et al, 2000).

선진산업국별로 구체적으로 살펴보면, 미국 어패럴 제조산업은 1990년대 동안 새로운 노동 절약 기술의 적용과 지속적인 생산성 개선의 결과 선적가치의 상승과 고용의 감소를 가져왔다. 고용 감소는 어패럴 생산의 세계화 때문이기도 하다. 즉 미국 내의 제조업자들은 대부분이 생산 설비를 저임금국가로 이동시키고 있다. 세계적 생산 활동이 계속적으로 분산되고 있으며 이로 인해 매출액이 증가하는 기업의 수가 증가하고 있다(Taplin, 1999). EU 패션산업에서 고용 하락률은 총제조업에서 가장 높다(Hines, 1998). 현재 영국 의류시장에 대한 전망은 소비자 소득과 소비가 상승 추세에 있다는 점에서 매우 낙관적이나 의류시장이 매우 가격 경쟁이 심화되고 있기 때문에 영국 기반의 생산업자들이 해외로 생산거점을 옮기고 있으며 더욱이 수출품의 침투 정도가 점차적으로 증가하고 있어서 따라서 영국 패션산업에서 고용에 대한 전망은 극단적으로 매우 비관적으로 보고 있다(Johns, 2000). 프랑스에서도 최근 몇 년 동안 패션산업에서 심각한 위기를 맞이하였었는데 즉 소비의 정체와 감소 그리고 고용의 감소가 그 이유였다. 1984-1994년 동안 일자리의 40%가 감소하였고 European Commission의 최근 보고에 따르면 지금부터 2008년까지 현재의 일자리의 30%을 더 잃을 것이라고 하였다(Hetzel,1998).

어패럴산업 뿐만 아니라 선진국 섬유산업에서도1990년대 저생산비용 국가의 제품으로 선진국제품의 경쟁력을 상실하게 되자 선진국들은 새로운 무역구조를 취하게 되었다. 이에 세계 섬유무역구조는 국제분업 구조로 변화하여 생산의 세계화가 급진전하게 되었다. 즉 산업구조를 지식 집약화함으로써 생산성을 꾀함과 동시에 국제 비교우위의 변화와 새로운 시장의 등장 등 시장 여건의 변화에 대응하여 생존전략으로 국제적 생산 활동을 적극적으로 추진해왔다(박광희 외, 2000)

4. 분업 구조 형성

패션산업에서 세계화는 생산기능의 재위치(relocation)와 같은 단순화 과정이 아니며 이는 노동의 국제적 분리에서 시작하여 조직과 공간의 분리로 발전되어왔다(Popp, 2002b). 노동의 국제적 분리 외에도 창의적이고 지식기반적인 두뇌 기능들 즉 디자인, 마케팅과 같은 기능들을 제조와 운송과 같은 물리적 활동들에서 분리시키려는 경향이 등장하였고 이는 상표관리부분과 제조부문의 국제적 분리를 가져왔다(Kilduff, 2001). 다음은 선진국과 개도국, 신흥공업국과 개도국(아시아) 간의 분업구조를 연구하였다.

1) 선진국과 개도국 간의 분업구조 형성

패션산업 특히 어패럴산업의 특성 즉 노동집약적이면서 정보의 가치가 매우 중요한 그리고 저가품과 고가품의 이분적 특성이 뚜렷한 특성으로 인해 선진국과 개발도상국의 패션산업은 뚜렷하게 차이가 난다. 이러한 차이는 패션산업의 주된 국제무역패턴을 형성하였다. 국제무역을 통해 패션산업의 발전을 살펴보면 선진국에서 신흥공업국, 후발개도국으로 패션산업의 발전이 이동되었음을 알 수 있다[18](지혜경, 2002). 이와 같은 패션산업에서 선진국과 개발도상국 간의 관계에 대해 여러 학자들에 의해 언급되었는데 즉 패션산업의 특성인 노동집약적 특성에 기인한 것으로(Zhang, 1997), 또는 역사적 측면에서 선진국에서 후발개도국에 이르기까지 일국의 경제발전 전략[19]에 기인한 것으로(Hamilton, 1990), 그리고 제품의 수명주기 과정에서 생산과 수출의 비교우위입지가 비용에 따라 결정되는 제품수명주기이론[20]이나 국가간 비교우위[21]로 설명하고 있다.

---

[18] 1950년대 후반까지 일본, 미국, 독일, 영국, 프랑스 등 주요 선진국들에 의해 주도되었으며 1960년대부터 한국, 홍콩, 대만, 싱가포르 등 아시아 개도국(현재는 신흥공업국)들이 노동집약적 경공업 제품의 집중하면서 발전을 시작하여 1970년대에 일본, 미국, 이탈리아를 제외한 선진국에서 신흥개도국으로 패션산업의 발전이 이동하였으며 1980년대에는 한국, 홍콩 등 아시아 신흥개도국이 세계 최대 수출국이 되었다. 1980년대 후반부터 중국, 태국, 터키, 포르투갈 등 후발개도국이 신흥개도국을 대체하기 시작하였다.1990년대에는 중국, 홍콩, 멕시코, 터키 등이 부각을 나타내었다(지혜경, 2002, p.32-35)

[19] Hamilton(1990)은 20세기 이후 1930년대 후반까지 선진국이, 1950년대까지 일본이, 1950,60년대에 개발도상국이 섬유 및 의류생산과 수출에서 선두적이었는데 이는 선진산업국을 역할모델로 하여 섬유생산을 산업화와 경제발전의 초석으로 삼는 경제발전전략에 기인한 것으로 설명하고 있다.

[20] 무역패턴의 동태적 변화를 설명하는 제품주기이론에서는 각국의

이러한 패션산업의 생산이동 및 국제교역의 패턴은 저생산
비용의 수출경쟁력에 근거를 두고 있으며 이는 선진국이 생존
전략으로 국제분업전략을 추진하는 이유이기도 한데, 주요 국
제분업전략을 보면 국제적 주문생산방식으로 선진국이 개발도
상국에 중간재를 공급하여 개발도상국에서 가공, 완제품을 수
입하는 위탁가공무역(Consignment Processing Trade)과 R&D, 생
산, 물자조달, 마케팅부문에 대하여 상호제휴를 맺음으로써 시
장위험을 분산시켜 상호이익을 도모하는 전략적 제휴, 부가가
치활동의 영역을 확대하고 통합시키기 위한 다국적 기업 생산
등의 세계화 추진 전략 등이 있다.

이와 같은 예로 미국의 경우에는 멕시코, CBI국가와 위탁가공무역
의 형태로 무역이 이루어지고 있으며 EU의 경우에는 포르투갈, 북
아프리카, 동구권국가들과 역외 가공무역(Outward Processing Trade)의
형태로 무역구조가 변화하였다. 일본의 경우 중국, 극동아시아와 수
직공정 분업형태의 국제분업을 하고 있다(박광회 외, 2000)

국제적 분업현상을 Kilduff(2001)는 다음과 같이 조직의 탈
통합화 과정으로 설명하고 있다. 즉 1970년대, 1980년대에 점차

무역은 경제발전단계에 따라 신제품, 성숙제품, 표준화 단계로 진
행하며 이 과정에서 생산과 수출의 비교우위 입지가 비용 요인을
따라 선진국에서 개도국, 그 다음으로 개도국에서 후진국으로 이
동하는 변화를 거친다고 하였다(지혜경, 2002, p.54)

21 세계적 사업환경에서 국경을 넘는 사업활동전략 전개 시 국가간
요소 비용에 따른 비교우위를 얻기 위해 기업들이 집약적으로 사
용하는 요소에 비교우위를 갖는 국가에 필요한 기업활동을 집중시
킨다. 특히 자본풍족국과 노동풍족국, 즉 선진국, 신흥공업국과 후
진국의 비교우위사슬을 보면 패션과 같은 노동집약산업에서는 선
진국에서 신흥공업국으로 다시 후진국으로 비교우위가 순차적으로
이전될 수 있다(조동성, 1997).

환경적 변화가 급증하면서 산업전략과 구조에서 주요한 변화를 가져왔다. 시장의 다양성과 역동성, 시장세분의 심화와 혁신성은 차별성의 증가를 가져왔으며 따라서 수직적으로 통합된 구조들이 분해되어 보다 유연한 수평적 배열 즉 중앙관리에서 비즈니스 단위로 탈 통합화를 가져왔다. 이러한 분업은 조정(coordination)의 개선을 통해 격동적인 환경에서 속도, 창의성, 유연성을 성취할 수 있게 한다. 1990년대에 환경적 격동성이 더 증가하면서 탈 통합화는 이전에 전통적으로 내부에서 수행하였던 로지스틱스나 제조활동에까지 진행되었고 자원과 전문성에 초점을 맞춰 더욱 핵심활동에만 집중하도록 하였다. 특히 어패럴에서 창의적이고 지식기반적인 두뇌 기능들 즉 디자인, 마케팅과 같은 기능들을 제조와 운송과 같은 물리적 활동들에서 분리시키려는 경향이 등장하였고 이는 상표관리부분과 제조부문의 분리를 가져왔다(Kilduff, 2001).

Navaretti et al(1995)은 국제적 분업 양상을 경제통합의 점진적 과정으로 보고 있는데 즉 두 지역 즉 자본집약적 생산 분야, 디자인, 유통을 통제, 관리하는 선진국 생산자와 그리고 노동집약적 생산부문이 진행되는 개발도상국 생산자 간의 점진적인 경제통합 과정이라고 설명하고 있다. 더욱이 패션산업에서 개발도상국가에로의 생산거점 이동을 위한 해외투자에 대해, 저렴한 노동비용을 갖는 개발도상국에 대한 선진국의 방어적인 행동이라는 일반적 견해에 반론을 제기하며, 유럽 회사들은 고품질 시장에서 개발도상국보다는 다른 선진국들과의 경쟁 때문에 생산거점의 재이동을 전개한다고 하였다(Navaretti et al, 1995)

국제적 분업구조는 또한 가치사슬에 기초한 기업의 세계화 전략으로 설명할 수 있는데 즉 국제분업구조 하의 생산능력판매전략은 해외시장에서 다른 기업과 경쟁할 수 있는 기업특유의 경쟁우위요소를 보유하고 있지 못한 개발도상국의 기업이 국가특유의 비교우위 즉 저임금 노동력을 활용하여 해외시장에 참여하기 위한 전략으로 기업이 세계화 하는 초기 단계에서 나타난다. 이 전략을 채택하는 기업은 범세계적 가치시스템에서 수동적 공급자로서 지위를 갖게 되며 이에 대비되는 것으로 범세계적 생산, 마케팅 네트워크 전략이 있다. 이는 세계 각지에 이전되어 있는 가치활동을 조정하고 통합하는 능력적 통합자로서의 지위를 갖는데 이러한 기업들은 각국의 현지 특유의 우위요소를 활용하기 위해 세계에서 가장 저렴한 원가구조를 갖는 국가에 생산부문의 가치활동을 이전하고 이들을 통합하여 다변화된 생산, 판매체제를 갖춘 네트워크를 형성하게 된다(최철, 1991).

과거 구미선진국들의 국제적 분업의 대상이었던 한국과 같은 신흥공업국에서는 최근 과거의 공정간 분업형 산업구조에서 점차 동일한 기술수준으로 생산되는 제품(또는 완제품)을 서로 수출입하는 산업 내 무역[22](쌍방무역)으로 변해가고 있다(지혜경, 2002).

---

[22] 산업내무역이란 동종산업에 속하는 상품들이 국가간에 수입되기도 하고 수출되기도 하는 현상을 말하며 이는 수출산업과 수입산업이 구분되는 산업간 무역과 대비된다. 이러한 산업내무역은 Verdoorn(1960)과 Balassa(1966) 등의 경험연구에 의해 그 현상이 제기된 이후 1960년을 전후한 EEC 등 지역경제공동체의 형성에 따른 역내 관세철폐의 효과와 역내국 간의 분업 증대 효과를 규명하기 위해 추진되기 시작하였다. 1958년에 결성된 유럽경제공동체(EEC)는 통합된 유럽공동체 시장 내에서 높은 효율성 달성과 그로 인한 무역의 급성장을 이루었으며 특히 동종산업 특히 제조업 부문 내에서 동종 상품간의 무역이 증가하는 등 회원국의 산업구조가 중층화되는 현상이 나타났다.

2) 아시아에서 신흥공업국과 개도국 간의 분업구조 등장

아시아는 세계에서 가장 인구가 많은 집단이며 가장 다양한 경제발달 단계들을 갖고 있다(Kuntz, 1998). 한국, 대만, 홍콩과 같은 아시아 국가들은 1970년대 이후 의류직물의 수출로 인해 경제발전을 이룩할 수 있었으며 신흥산업국으로 성장하는 발판이 되었다. 그러나 이러한 경제 성장은 지대의 상승, 환율 인하 등과 함께 노동비용을 상승시켰는데 이는 의류생산을 신흥산업국에서 또다시 보다 저렴한 저비용생산국 즉 중국, 인도네시아, 방글라데시 등을 비롯한 후발개도국으로 이동시키는 결과를 가져왔다. 인도네시아나 방글라데시 등은 뒤늦게 개발도상국에 합류한 국가들로 미국이나 유럽에서 수출이 급격히 증가한 국가들이다(Kuntz, 1998; Silva et al, 2000). 특히 브루나이, 인도네시아, 말레이지아, 필리핀 등은 남동아시아국가협회(ASEAN)에 속하는데 이들 국가는 일본, 홍콩, 대만, 한국에 의해 투자되고 있기 때문에 패션제품의 무역에서 가장 우세하다(Dickerson, 1995).

개도국에서 선진국으로 섬유제품의 수출을 둔화시키려는 목적에서 등장한 다자간 섬유협정(MFA)도 1973년부터 20년간 지속되면서 규제를 심하게 받은 신흥공업국에서 상대적으로 규제를 약하게 받은 후발개도국으로의 무역을 전환시키는 무역전환효과를 가져왔다[23](Au & Yeung, 1999). 다자간 섬유협정 외에도 세계화된 산업환경도 신흥공업국에서 후발개도국으로 패

---

[23] 홍콩 의류직물기업들은 북미와 유럽시장에 대한 규제를 우회하기 위해 1960년대 후반부터 4단계에 걸쳐 생산거점을 보다 규제가 덜한 국가로 이동시켰다. 특히 MFA 통제하에서 의류/직물 수출에 대한 각 시기 마다 서로 다른 규제에 대응하기 위해 홍콩 의류직물 회사들은 40여년 동안 생산거점을 이주하여 전세계의 서로 다른 위치에 자회사들 설립하였다(Au & Yeung, 1999).

션산업의 생산이동을 심화시키는 요인으로 작용하고 있다. 즉 세계화는 더 저렴한 생산경비를 추구하게 하므로 신흥공업국 특히 홍콩, 대만, 한국의 패션산업은 큰 어려움을 겪고 있다.

따라서 신흥공업국의 패션산업 관련자들은 고부가가치 생산이 신흥공업국 패션산업의 경쟁력을 증가시킬 것이라는 그리고 패션산업이 처해 있는 경제적 문제를 해결해줄 수 것이라는 견해를 동일하게 공유하게 되었다, 고부가가치 생산이라는 대안적 전략은 고부가가치 패션제품의 생산 즉 고가시장으로의 이동을 의미한다(Leung & Wong, 1999, 이은주, 권정란 2001). 국제경쟁이 심화되면서 신흥공업국의 패션산업은 다각화를 시도하였고 고부가가치 시장으로 이동하려 노력하였으나(일부는 세계적 기업으로 성장하였음에도 불구하고) 대다수 신흥공업국들은 수익성이 지속적으로 떨어지고 있으며 1970년대 이후 전세계경제 변화는 상황을 지속적으로 악화시키고 있다(Kilduff, 2000). 세계적 경쟁 하에서 고부가치 전략의 실행은 실제적으로 큰 어려움에 부딪친다. 즉 고부가치 전략은 고객, 상품, 제조방법의 혁신적인 변화를 의미하는데, 이 전략은 대부분의 신흥공업국 의류기업이 중소기업 이므로 채택하기에 쉽지 않다. 대안적 선택으로 생산 효율성의 개선이 가능하다고 생각하였으나 이것도 小량 주문, 多스타일/색상, 短납기(delivery lead times), 지시서의 빈번한 수정(last-specification change) 등으로 차감되었다. 그리고 미국, 캐나다, 유럽의 바이어들이 요구하는 품질과 서비스 수준과 현지 의류제조업자들의 비용 수준이 맞지 않으므로 경쟁력을 위해 제조업자들이 이윤 마진(profit margin)을 감소되었다(Leung & Wong , 1999).

따라서 이들 신흥공업국 특히 아시아 신흥공업국들은 중국, 극동아시아로 생산활동을 이전하고 수직적 공정 분업형태의 국제분업을 시도하고 있다.

5. 저생산비용 경쟁력과 부가가치 경쟁력

패션산업은 무역규모가 계속 증가되어 왔으며 2차대전 이후부터 의류수출의 비중을 살펴보면 선진국 비중은 계속 감소하고 있고 개발도상국은 지속적인 증가세를 보이고 있다. 개발도상국의 수출비중의 증가라는 변화는 세계시장에서 저임금 생산국의 능력을 반영한 것으로, 1970, 80년대 세계 섬유, 의류 무역에 가장 중요한 영향을 미친 것은 생산국 수의 증가 및 개발도상국 생산자들의 기술(숙련) 증가이었다(Dickerson, 1995).

1990년대에도 이와 같은 현상을 그대로 유지되고 있으며 특히 어패럴 수출에서 개발도상국들이 OECD국가의 어패럴 수입시장의 중요한 공급원이 되고 있으며, 어패럴 생산과 수출이 노동집약적 특성으로 경제발달 수준이 낮은 국가들에서 중요한 산업임을 나타낸다[24](Zang, 1997).

이러한 경향은 선진패션산업/기업들의 새로운 경쟁적 대응에 대한 모색과 노력에도 불구하고 저생산비용의 제품에 의한 선진

---

[24] Zang(1997)은 OECD 국가의 어패럴 무역구조에 대한 설명에서 어패럴 세계무역에서 개발도상국의 의류수출 비중이 점차 커지고 있음을 언급하였다. OECD국가간의 무역은 상대적으로 큰 퍼센트를 이루고 있지만 비OECD국가와의 무역 퍼센트도 지속적으로 증가하여 1971년에 1/3에, 1992년에 2/3을 차지하고 있다. 그리고 OECD국가에서 비OECD국가로의 수출은 수입과는 전혀 다른 양상을 보여 15% 이내를 유지하면서 거의 변화가 없었다 이는 개발도상국들이 OECD국가의 어패럴 수입시장의 중요한 공급원이 되었음을 의미한다. 1992년 OECD국가들의 어패럴 수출을 살펴보면, 가장 큰 어패럴 수출국은 이탈리아, 독일, 프랑스 순이다. 그러나 경제 규모를 고려해볼 때 즉 총수출과 어패럴수출의 비로 볼 때는 포르투갈, 터키, 그리스가 가장 비가 높은 국가들이다. 이는 어패럴 생산과 수출이 노동집약적 특성으로 경제발달 수준이 낮은 국가들에서 중요한 산업임을 나타낸다.

패션시장에 대한 잠식을 가져올 수도 있다는 우려를 낳고 있다. Hetzel(1998)은 프랑스에서 1985년 수입의 54%가 선진국 즉 유럽, 북미, 일본으로부터 수입된 것들이었으나 1995년 유럽은 수입의 28%을 차지하고 대부분이 아프리카(모로코와 튜니지), 남동아시아, 동부 유럽이었음을 밝히면서 수입에서 개발도상국의 강세를 언급하고 있다. Notan and Condotta(1997)도 세계화와 저임금 생산지에 대한 압력으로 이탈리아 어패럴 제조업에서 얼마나 오래 저비용 노동력의 유혹을 견딜 수 있을 지에 대한 우려를 갖고 경쟁력 강화를 위한 이탈리아 어패럴산업의 전략적 방향에 대해 논의하였다. 더욱이 최근에 나타나는 미국과 유럽(이탈리아를 제외한)의 생산성 향상은 어느 정도 끊임없는 저비용 생산지로의 생산 활동의 이전 및 하청 작업에 근거한다(Hines 1998; Taplin, 1999). 그리고 세계 무역 자유화와 세계적 소매업체의 어패럴 제조비용 통제는 더욱 저생산비용 어패럴 제품의 강세를 가져왔다. 세계무역 자유화는MFA 규정으로 인한 개발도상국의 수출 규제를 점진적으로 완화시킬 것이다.

이러한 저임금생산지의 강세에도 불구하고 세계적 선진패션산업 특히 미국은 1980년대 중반 이후 그리고 이탈리아는 1960년대 이래로 꾸준한 경쟁력을 유지하고 있다. 이렇게 세계적 경쟁력을 지속적으로 유지시키는 선진패션국의 핵심경쟁력은 개별 국가에 따라 상이하다 할 수 있지만 선진패션산업국에서 공통적으로 변화되고 있는 방향은 유사하다 할 수 있다.

즉 선진패션산업들이 패션제품의 생산을 해외로 이전하면서 상품의 생산과 이동을 세계화시키고 있다. 선진패션국들의 세계화 또는 국제화 능력은 오래 전의 단순한 해외생산 이전에서 비롯되었지만 지금은 핵심능력을 뒷받침해주는 또는 주된 핵심능력으로 자리잡고 있다.

이러한 선진패션산업국의 세계화 능력은 세계적 패션상품 공급체인 관리를 통해 선진패션기업들의 비용을 낮추고 수익을 높이기도 하지만 선진패션기업들로 하여금 핵심적 부가가치 활동에 보다 집중할 수 있게 만든다. 특히 해외조달은 기업의 규모에 관계없이 해외시장에서 빠른 반응을 가능케 하며 해외시장 확장의 관리 비용을 낮추며 핵심활동에 집중할 수 있게 한다(Daniels et al, 2002). 더욱이 선진패션산업국의 기업들은 국제시장에서 확장을 계속하면서 성공을 지속적으로 유지할 수 있게 경쟁적 이점을 지속적으로 개발하고 있다. 즉 선진패션국은 현지의 경쟁자들 그리고 자원과 자산의 효율적인 공간적 배치를 관리할 수 있는 능력뿐만 아니라 세계적 범위나 지역적 범위에서 강한 경쟁적 위치를 개발하고 있다. 또한 국제적 시장에서 강한 배치적 이점을 유지하기 위해 기업의 풍부한 자원과 다양한 경험을 사용할 수 있도록 경쟁적 이점 관리체계와 능력 즉 여러 시장의 감지와 지역적 경계를 연결하는 능력이 갖추고 있다(Craig & Douglas, 1996a). 더욱이 Johns(1997)는 고가시장에서도 생존을 위한 필수적 조건이 상표에 대한 투자, 최고 시장을 목표로 하는 것, 최상의 서비스 제공, 혁신적인 직물과 품질에 대한 투자, 그리고 가장 중요한 것은 해외생산과 해외조달의 개발이라고 하였다. 개발도상국의 저생산비용 경쟁력과 더불어 선진국의 세계화 능력은 세계화 산업 환경에서 중요한 핵심 능력이라 할 수 있다.

이상으로부터 세계화 즉 경제활동 영역과 공간의 세계적 확장이 패션산업의 특성 특히 빠른 패션주기, 노동집약적-지식·정보집약적, 대량적 표준제품-고부가가치의 패션제품 등의 특성으로 패션산업에서 나타난 세계화 추세는 다음과 같다. 교역과 해외직접투자가 유럽 중심에서 미주, 아시아로 확장되고 있으며, 선진패션산업에 국한되었던 세계적 경쟁이 개발도상국으로 확장되고 있으며 이는 패션산업의 무역의 역흐름을 가져오고 있으며, 지리적 근접성과 무역블록화가 중요해지고 있으며,선진국에서 개발도상국으로 생산이동의 가속화되고 있으며, 선진국과 개발도상국 간에 분업체제 형성이 확장되고 있으며, 아시아에서 신흥공업국과 개발도상국 간에 선진국과 개도국간의 무역패턴이 나타나고 있으며 저생산비용 경쟁력 외에 부가가치 경쟁력도 증가하고 있다. 이 책에서는 문헌에서 밝힌 패션산업의 세계화 추세를 연구명제로 하여 다음 제3절에서 실증하고자 하였다(그림 2-1 참조).

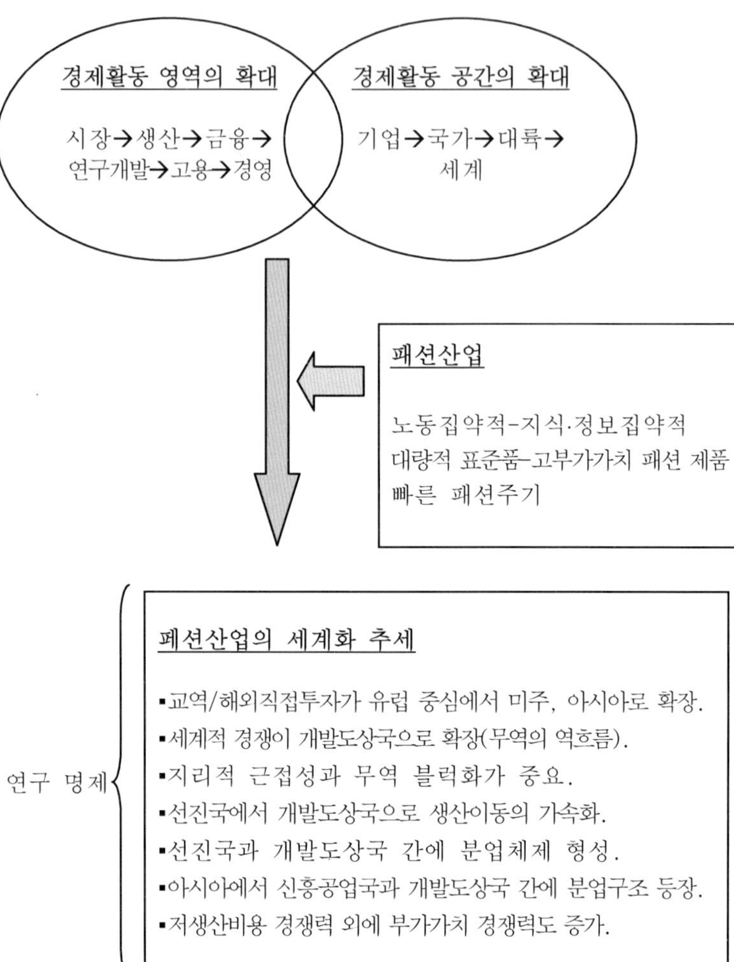

[그림 2-1] 패션산업의 세계화 추세

제4절 실증적 연구 Ⅰ

제2절에서 살펴본 것처럼 세계화 환경은 패션산업에 많은 변화를 가져왔다. 패션산업에서 나타난 세계화 추세를 알아보기 위하여 위의 문헌적 연구에서 언급되었던 연구 내용들을 다음과 같이 연구명제로 설정하였다.

1. 연구 내용

명제 1-1: 교역과 해외직접투자가 유럽 중심에서 미주, 아시아로 확장되고 있다.

명제 1-2: 선진패션산업에 국한되었던 세계적 경쟁이 개발도상국으로 확장되고 있으며 이는 패션산업의 무역의 역흐름을 가져오고 있다.

명제 1-3: 지리적 근접성과 무역블록화가 중요해지고 있다.

명제 1-4: 선진국에서 개발도상국으로 생산이동의 가속화되고 있다.

명제 1-5: 선진국과 개발도상국 간에 분업체제 형성이 확장되고 있다.

명제 1-6: 아시아에서 신흥공업국과 개발도상국 간에 선진국과 개도국간의 무역패턴이 나타나고 있다.

명제 1-7: 저생산비용 경쟁력 외에 부가가치 경쟁력도 증가하고 있다.

2. 측정 및 분석방법

패션산업에서 나타난 세계화 추세를 실증하기 위해서 각 명제 별로 측정과 분석에 필요한 요소 및 측정·분석방법을 다음과 같이 제시하였다.

우선 다음의 명제를 측정하는데 기본이 되는 관련 용어를 다음과 같이 정의하였다.

① 패션산업과 어패럴산업: 이 책에서는 자료 분석의 용이함을 추구하기 위해서 UN분류를 그대로 적용하여 패션제품은 Textile fibres, Texile yarn and fabrics and clothing SITC(26+65+84)로 정의하여 사용하였으며, 어패럴제품은 Clothing(SITC, Rev.2 and Rev.3, 84)으로 정의하여 사용하였다(부록 5 참조). 이에 따라 패션산업은 즉 섬유, 직물, 의류제품의 제조에서 판매에 이르는 전과정을 포괄하며, 어패럴산업은 의류제품 제조와 판매 과정을 포괄한다. 그러나 이 책은 다양한 자료출처에서 자료를 추출하였으므로 어패럴 및 패션산업의 분류가 부분적으로 동일하지 못하다. 그리고 종종 부분적으로 직물이나 의류제품만을 지칭할 경우에는 특정 명칭을 사용하였다(부록 5 참조).

② 선진국과 신흥공업국(NICs), 개발도상국: 이 책에서 선진국, 신흥공업국, 개발도상국 분류는 UN 분류를 인용하였으며(부록 2 참조), 선진국과 개발도상국과 관련하여 편의상 다음과 같이 조작적으로 정의하여 사용하였다.

- 선진패션산업: 선진국 패션산업국가
- 저비용국가: 노동임금과 그 외의 생산비용이 저렴한 개발도상국
- 신흥공업국(NICs: Newly Industrialized Countries)은 한국, 홍콩, 대만, 싱가포르를 지칭한다.
- 패션산업에서 선두 선진국(leading developed countries), 선두 개발도상국(leading developing countries)은 1990년과 2000년 패션산업에서 선두생산국을 의미하여 UNIDO 분류를 인용

하였다(부록 3 참조).

③ 무역협정: 지역경제통합은 일정 지역의 국가들을 회원국으로 조직화하여 회원국간의 서비스와 상품거래의 자유화를 목적으로 하는데 이에는 자유무역지대, 관세동맹, 공동시장, 경제통합의 4단계가 있다. 유럽에는 EEC, EC, EU 등이, 미주에는 EFTA, NAFTA, LAFTA 등이, 아시아에는 ASEAN 등이 있다. 이 책에서는 UN과 OTEXA자료에서 추출할 수 있는 지역협정 자료만을 이용하였는데 미주에서는 NAFTA, CBI, LAIA의 자료가 유럽대륙에서는 EEC, EFTA의 자료가 이용되었다(각 지역협정 국가들에 대해서는 부록 4 참조).

1) 명제 1-1: 교역과 해외직접투자가 유럽 중심에서 미주, 아시아로 확장되고 있다.

명제1-1를 실증하기 위해 우선 패션산업의 세계화 정도를 측정하였다. Johns(1998)는 패션산업의 세계화 정도를 측정하기 위하여 년도별 교역량과 FDI 비교, 전체 교역량 대 패션제품의 교역량 비교, 년도별 전세계 교역 및 FDI의 지리적 분포를 보았으며, 김일경 외(2001, p279)는 산업의 세계화에 대한 주요 지표로서 세계 총생산에 대한 교역량의 비율, 그 산업에 총자본에 대한 국가간 투자비율 등이 있다고 하였다, OECD(1997) 논문에서도 세계화 측정을 위해 교역과 해외직접투자를 측정하였다.

이 책에서는 패션산업의 세계화 정도를 알아보기 위해 두 가지 측면에서 조사하였는데 첫째는 패션산업의 세계화에 대한 주요 지표들 년도별 생산과 교역의 비교, 총교역과 패션산업교역의 비교, 총 해외직접투자와 패션산업 해외직접투자의 비교, 둘째 패션산업의 교역과 FDI의 증가를 양적 증가와 지리적 확산 측면에서 조사하였다. 패션산업에서 생산지수와 무역지수, 교역량과 해외직접투자, 교역과 FDI의 지리적 분포(대륙별 분포)에 대한 측정은 다음과 같다.

① 생산지수: 1990년에서 1998년간 전체 산업의 총생산지수와 패션산업의 생산지수를 비교하기 위하여 총생산지수와 패션산업의 생산지수는 Statistical Yearbook Forty-fourth issue(UN, 2000, New York; UN)의 자료를 이용하였다.

② 교역량: 1980년에서 1999년간 전체산업과 패션산업의 교역을 비교하기 위하여 전체산업의 교역은 Statistical Yearbook Forty-fourth issue(UN, 2000, New York; UN)에 있는 전체산업 수출량의 자료를 이용하였고, 패션제품의 교역량은 UNTAD Handbook of Statistics(UN, 2001, Vienna; UN)에 수록되어 있는 Exports of Textile fibres, Textile yarn and fabrics and clothing 자료를 사용하였고, 어패럴제품의 교역량은 International Trade Statistics Yearbook; Vol II. Trade by commodity(UN, 1991~2000, New York; UN)에 수록되어 있는 World export by commodity classes and regions 자료를 이용하였다[부록 참조].

③ 해외직접투자(Foreign Direct Investment): 총 해외직접투자와 패션산업에서의 해외직접투자의 유입과 유출을 World Investment Report(UN, 1999~2001, New York and Geneva: UN)에서 1988년, 1997년, 1999년 패션산업(Sector: clothing, textile and leather)의 FDI inward 및 outward stock 자료를 이용하였다.

④ 대륙별 수출/수입 분포: 대륙별 어패럴 및 패션제품의 수출/수입 분포를 측정·분석을 위해서 1980년에서 1999년간 대륙별 패션제품, 어패럴제품에 대한 수출/수입 교역량을 조사하여 전세계 수출/수입량에 대한 분포%를 구하였다. 이를 위해 패션제품의 교역량은 UNTAD Handbook of Statistics(UN, 2001, Vienna;

UN)에 수록되어 있는 Exports of Textile fibres, Textile yarn and fabrics and clothing자료를 사용하였고, 어패럴제품의 교역량은 International Trade Statistics Yearbook; Vol. II. Trade by commodity (UN, 1991~2000, New York; UN)에 수록되어 있는 World export by commodity classes and regions자료를 사용하였다.

2) 명제 1-2: 선진패션산업에 국한되었던 세계적 경쟁이 개발도상국으로 확장되고있다.

선진국에서 개발도상국으로 세계적 경쟁 확대를 측정하기 위해 개발도상국 시장에서 선진패션산업국의 수출시장점유율 변화와 선진패션산업국의 해외직접투자 유출과 개발도상국의 해외직접투자 유입을 조사하였다.

① 개발도상국 수출시장에서 선진패션산업국의 점유율(%):

$$\text{수출대상 지역/국가의 수출시장에서 특정국가/지역의 수출점유율} = \frac{\text{수출대상 국가(지역)에 대한 특정 국가(지역)의 수출액}}{\text{수출대상 국가(지역)에 대한 세계 수출액}} \times 100$$

자료는 명제 1-1에서 사용한 동일한 출처에서 자료를 이용하였다.

② 선진패션산업국의 해외직접투자 유출과 개발도상국의 해외직접투자 유입: 명제 1-1에서 사용한 동일한 출처에서 자료를 이용하였다.

3) 명제 1-3: 지리적 근접성과 무역블록화가 중요해지고 있다.

패션산업에서 지리적 근접성과 무역블록의 중요성을 측정하기 위해 미주와 유럽의 근접 국가/지역 간의 그리고 지역협정 국 간의 교역 증가를 조사하였다. 이 책에서는 UN과 OTEXA

자료에서 이용 가능한 근접국, 지역협정국의 교역 증가만을 조사하였다. OTEXA의 자료는 http://otexa.ita.doc.gov에서 미국무역통계치 자료를 조사하였다.

4) 명제 1-4: 선진국에서 개발도상국으로 어패럴 생산이동이 가속화되고 있다.

어패럴산업에서 선진국에서 개발도상국으로의 생산과 생산거점 이동을 측정하기 위해 선진국, 신흥공업국, 개발도상국의 각 패션산업 생산지수, 고용율, FDI, 교역량을 측정·분석하였다.

① 생산지수(Index numbers of industrial production): 선진국에서 신흥공업국 및 개발도상국으로 어패럴 생산이동을 측정하기 위해 1990-1998년간 선진국과 개발도상국의 주요 패션산업국가를 중심으로 어패럴 생산지수를 조사하였다. 세계 어패럴 생산지수, 선진국 및 개발도상국의 어패럴 생산지수는 Statistical Yearbook Forty-fourth issue(UN, 2000, New York; UN)에서 어패럴산업(Wearing apparel, leather and footwear [ISIC. Rev.3])에 대한 생산지수를 이용하였다. 그리고 각 국가들의 1990-1998년간 생산지수의 변화추이(증감)를 분석하기 위해 각 국가별 1990년-1998년간 생산지수의 선형회귀선의 기울기(slope)를 구하였다(부록7 참조).

② 패션산업의 고용율(Number of employees): 선진국에서 신흥공업국, 개발도상국으로의 생산거점 이동을 측정하기 위해 선진패션산업국과 신흥산업국의 패션산업에서의 지속적인 고용 감소를 측정하기 위해 1991-1999년간 선진패션산업국, 신흥산업국을 중심으로 패션산업에서의 고용인 수(Number of employees)를 조사하였다. 이를 위해 International Yearbook of Industrial statistics(UNIDO, 1996~2002, Vienna; UNIDO)의 자료를 이용하였다. 그리고 1991-

1999년간 선진국과 신흥공업국 간 패션산업 고용율의 변화를 분석하기 위해 1991-1999년간 각 국가의의 고용인 수의 선형회귀선의 기울기(slope)를 구하였다(부록8 참조).

③ FDI: 연구문제 1-1과 동일한 출처의 자료 이용

④ 어패럴산업에서 수출/수입 교역: 명제 1-1과 동일한 출처의 자료 이용

5) 명제 1-5: 선진국과 개발도상국 간에 분업체제 형성이 확장되고 있다.

패션산업에서 선진국과 개발도상국 분업체제를 조사하기 위해 선진국과 개발도상국 간의 일방-쌍방 무역 정도와 산업 내 무역지수를 측정하였다. 일반적으로 자본집약적 내지 고도의 기술적인 생산공정은 선진국에서 그리고 노동집약적 내지 표준적인 생산공정은 개발도상국에서 담당하는 수직적 분업형 산업구조를 이룬다(지혜경, 2002, p80). 따라서 선진국과 개발도상국의 가공 무역이나 공정별 분업체제는 일방무역을 나타내거나 산업간 무역지수를 나타내어야 할 것이다.

쌍방무역은 교역에서 수출이나 수입 편향성에 치우치지 않고 수출과 함께 수입이 함께 증가 또는 감소하는 현상으로 다음과 같이 측정된다. 교역국간의 수출, 수입액을 비교하여 한쪽 금액이 다른 쪽 금액의 10% 이하이면 일방 교역으로, 10%을 초과하면 쌍방교역으로 분류된다(지혜경, 2002).

일방무역(OWT: One-Way Trade): $Min(X_{i,j}, M_{i,j})/Max(X_{i,j}, M_{i,j}) \leq 0.1$

쌍방무역(TWT: Two-Way Trade): $Min(X_{i,j}, M_{i,j})/Max(X_{i,j}, M_{i,j}) > 0.1$

X_{ij} = 일정 기간 동안 i 국가의 j 상품에 대한 수출

M_{ij} = 일정 기간 동안 i 국가의 j 상품에 대한 수입

산업 내 무역지수에 대한 측정은 전체 무역량 중 동일상품

이 수출되는 동시에 수입되는 정도를 측정하려는 것으로 측정방법은 다양한데 이 책에서는 Grubel-Lloyd의 산업 내 무역지수를 사용하였다. 이 측정방법은 한 산업의 총무역액 중에서 산업 내 무역의 비율을 측정하는 방법 중에서 가장 일반적인 산업 내 무역지수이며 측정방법은 다음과 같다.

$$Bi = (Xi + Mi) \; ^- \; | \, Xi - Mi \, | \;\; /(Xi + Mi)$$

단) X, M: 일국의 총 수출, 수입

$\quad$ Xi, Mi: 총 수출, 수입 중 분류된 i 상품의 수출, 수입

Bi값은 0과 1 사이에 존재하며 0에 가까울수록 산업간 무역을, 1에 가까울수록 산업 내 무역을 나타낸다. 수출입 차이의 절대값($| \, Xi - Mi \, |$)이 산업간 무역을, 나머지가 산업 내 무역을 나타낸다.

6) 명제 1-6: 아시아에서 신흥공업국과 개발도상국 간에 선진국과 개도국 간의 무역패턴이 나타나고 있다.

아시아에서 신흥공업국(NICs)과 개발도상국 패션산업과의 분업적 관계를 조사하기 위해여 교역과 FDI를 조사하였다. 교역은 UN자료를 이용하여 아시아 내의 교역현황을 조사하였다. FDI 자료는 아시아 신흥산업국과 선두 개도국에서 패션산업의 FDI유입현황과 개별 국가에 대한 지역별 투자 현황을 조사하였다. 아시아 FDI 자료는 World Investment Directory: Foreign Direct Investment and Corporate(Asia and the Pacific)(UNIDO, 2000, New York and Vienna: UNIDO)의 자료를 이용하였다.

7) 명제 1-7: 저생산비용 경쟁력 외에 부가가치 경쟁력도 증가하고 있다.

패션산업에서 개발도상국의 저생산비용 경쟁력과 선진국의

부가가치 경쟁력 증가를 측정하기 위해 선진국과 개발도상국의 세계 부가가치 분포(world distribution of value added) 그리고 생산지수, 수출량의 변화를 비교하였다. 생산지수는 생산량에 대한 측정이며 세계부가가치 분포는 전세계부가가치에서 각국이 및 지역의 부가가치 점유율에 대한 측정이므로 실제 부가가치 분포의 변화를 알 수 있으며, 이것들과 비교해서 수출도 살펴볼 수 있다.

부가가치는 생산(the value of census output)에서 비용(the value of census input)을 차감한 것으로 비용에는 생산비용(생산을 위한 원부자재, 연료 및 전기 등이 포함)과 산업서비스 비용(협력계약, 수수료, 보수관리 비용이 포함)이 포함되었다. 1990년 고정가로 계산되었으며 부가가치 측정치는 중량에 의한 1990년 부가가치에 생산지수를 적용하여 계산되었다. 세계 선두생산국과 선두개발도상국은 부가가치 관점에서 측정되었다(UNIDO, 2002a, p.7-9). 이를 위한 자료는 International Yearbook of Industrial Statistics 2002. (UNIDO, 2002, Vienna: UNIDO)의 자료를 이용하였다. 각 지역별 생산지수는 Statistical Yearbook Forty-fourth Issues(UN, 2000, New York: UN)의 자료를 이용하였고 각 지역별 수출량의 변화를 위한 자료는 명제 1-1과 동일한 자료를 이용하였다.

3. 분석결과 및 논의 Ⅰ

패션산업에서 나타난 세계화 추세를 연구하기 위해 문헌적 연구로부터 연구된 명제들을 여러 통계자료치와 분석방법을 이용하여 분석하였으며 그 분석결과는 다음과 같다.

1) 교역과 해외직접투자 확대 및 지리적 확장

패션산업의 세계화를 두 가지 측면 즉 패션산업에서 교역과 해외직접투자의 증가와 지리적 확장, 그리고 세계적 경쟁의 확대 측면에서 조사·분석하였으며 그 분석결과는 다음과 같다.

(1) 유럽 중심에서 미주, 아시아로 확장

문헌적 연구로부터 세계화 산업환경에서 패션산업의 세계화 추세는 패션산업에서 교역과 해외직접투자가 과거 유럽에서 미주, 아시아로 확장되고 있음을 나타냈다. 이를 실증하기 위해 우선 전체 패션산업의 세계화 추세를 살펴보았고, 지리적 확장으로부터 유럽 중심에서 미주, 아시아로의 확장을 살펴보았다.

패션산업의 세계화 추세를 알아보기 위해 두 가지 측면에서 조사가 이루어졌는데, 첫째는 패션산업의 세계화에 대한 주요 지표들 즉 년도별 생산과 교역의 비교, 전체 교역과 패션산업 교역의 비교, 전체 해외직접투자와 패션산업 해외직접투자의 비교가 조사되었고, 둘째 패션산업에서 교역과 해외직접투자의 증가와 지리적 확장이 조사되었다.

[표 2-2]는 1990-1998년간 년도별 총생산지수와 패션산업의 생산지수의 비교를 나타내고 있는데, 총생산지수 즉 전체 산업의 생산지수는 증가하고 있으며 패션산업 중에서 직물산업의 생산지수는 점진적으로 증가하고 있는 반면 어패럴 및 가죽, 신발산업의 생산지수를 점진적으로 감소하고 있다. [표 2-3]은 1990-1999년간 총교역과 패션산업의 교역을 비교한 것으로, 총교역 즉 전체 산업의 교역은 1998년을 제외하곤 전반적으로 증가하고 있으며 패션산업의 교역은 1997년까지 지속적으로 증가하다가 1998년, 1999년 모두 감소하고 있다. [표 2-4]는 1988년과 1997, 1999년의 총 해외직접투자와 패션산업의 해외직접투자를 비교

하고 있는데, 전체 산업의 해외직접투자와 패션산업의 해외직접투자는 모두 증가를 나타내고 있지만 전체 해외직접투자에서 패션산업의 해외직접투자의 비는 감소하였다.

이들 표로부터 패션산업에서 직물의 생산량은 증가하고 있으나 어패럴 생산량은 감소하고 있고 교역량과 **FDI**는 1990년대에 걸쳐 1998년 전까지 전반적으로 증가하고 있다. 세계화 환경에서 다른 산업에서와 마찬가지로 패션산업은 상대적으로 미약하지만 교역과 **FDI**가 증가하고 있다.

[표 2-2] 총생산지수와 패션산업 생산지수의 비교(1990=100)

	1990	1991	1992	1993	1994	1995	1996	1997	1998
전체 산업	100	100.6	101.3	102.6	106.6	111.3	115.1	121.3	124.1
패션산업									
직물산업	100	100.8	102.2	101.1	104.6	105.4	106.2	109.3	107
어패럴산업	100	97.9	95.5	93.6	94.1	93.1	91.1	89.3	85.6

자료: *Statistical Yearbook Forty-Fourth Issues*(p.16), UN, 2002, New York; UN.
주) 본 표에서 패션산업은 직물 및 어패럴산업을 포함하며 어패럴산업은 의류 및 가죽, 신발산업(clothing, leather, footwear)을 포함한다.

[표 2-3] 총교역과 패션산업교역의 비교(단위: 백만 불 F.O.B.)

	1990	1991	1992	1993	1994	1995	1996	1997	1998	1999
전체산업	3485598	3675469	3669038	4181689	4291600	5127780	5343636	5543651	5456263	5646733
패션산업	246098	257596	286164	277703	320687	362089	369964	392796	379017	369973

자료: *UNTAD Handbook of Statistics*(UN, 2001, Vienna; UN)에서 전체 산업과 패션산업의 수출 통계자료를 사용
주) 본 표에서 패션산업은 직물 및 의류 산업을 포함한다(SITC 26+65+84, Textile fibres, Textile yarn and fabrics and clothing).

[표 2-4] 총해외직접투자와 패션산업 해외직접투자의 비교

(단위: 백만 불 F.O.B.)

	1988	%	1997	%	1999	%
FDI 유입						
(inward stock)						
전체산업	1009471	100	2840590	100	3633223	100
패션산업	15834	1.6	37229	1.3	36255	1
FDI 유출						
(outward stock)						
전체산업	1014831	100			3408469	100
패션산업	9260	0.9			24008	0.7

자료: *World Investment Report*(UN, 1999~2001, New York and Geneva: UN)에서 1988
년, 1997년, 1999년의 전체 산업과 패션산업의 FDI 유입 및 유출자료 이용.
주) 본 표에서 패션산업은 의류, 직물, 가죽산업(clothing, textile, leather)을
포함한다.

패션산업에서 교역과 **FDI**의 지리적 확장을 조사하기 위하여
패션산업에서 1980년에서 1999년간 대륙별 패션제품에 대한
수출/수입 교역 현황을 조사하여 전세계 수출/수입에 대한 각
대륙의 수출·입 분포%를 구하였다. [표 2-5]는 1980년에서 1999
년간 패션제품 수출·입의 지리적 분포를 나타내는데, 1980년대
에는 주로 수출과 수입이 유럽에 치중되었으나(전체 수출과 수
입의 50% 이상 점유) 수출·입이 꾸준히 감소하고 있다. 그러나
아시아와 미주에서는 수출·입이 꾸준한 증가를 보여 수출은
1999년 아시아가 50% 이상을 점유하고 있고 수입은 미주에서
1999년 23.5%를 점유하고 있다. 패션산업에서 교역의 지리적
확장은 유럽, 미주, 아시아 시장에 한정되며 아프리카나 오세
아니아는 1980년대보다 수출, 수입이 더 축소되었음을 나타내
고 있다.

[표 2-5] 패션제품 수출·입의 지리적 분포(단위: 백만 불 F.O.B.)

수입 지역	세계		유럽		미주		아시아		오세아니아		아프리카	
년도	수입액	%	수입액	%	수입액	%	수입액	%	수입액	%	수입액	%
1980	115287	100	67111	58.2	14565	12.6	24072	20.9	1913	1.7	5452	4.7
1990	246098	100	127984	52.0	42312	17.2	62289	25.3	2990	1.2	6498	2.6
1995	362089	100	160050	44.2	67571	18.7	115645	31.9	4241	1.2	10165	2.8
1998	379017	100	168038	44.3	87955	23.2	101430	26.8	4443	1.2	10651	2.8
1999	369973	100	159875	43.2	87580	23.7	100435	27.1	4646	1.3	10593	2.9

수출 지역	세계		유럽		미주		아시아		아프리카		오세아니아	
년도	수출액	%	수출액	%	수출액	%	수출액	%	수출액	%	수출액	%
1980	115287	100	58821	51.0	13297	11.5	37153	32.2	2486	2.2	3097	2.7
1990	246098	100	108427	44.1	18712	7.6	106931	43.5	5382	2.2	4171	1.7
1995	362089	100	134841	37.2	32882	9.1	181899	50.2	7570	2.1	4945	1.4
1998	379017	100	138642	36.6	39748	10.5	187931	49.6	8130	2.1	4195	1.1
1999	369973	100	127925	34.6	38706	10.5	191223	51.7	7892	2.1	3881	1.0

자료: *UNTAD Handbook of Statistics*(UN, 2001, Vienna; UN)에서 수출과 수입 자료를 이용하여 전세계 수출과 수입에서 각 지역의 수입과 수출%을 계산함

[표 2-6]은 패션산업에서 해외직접투자(FDI)의 지리적 분포를 나타내는데, FDI 유입에서 보면 1988년에는 선진국과 남·동아시아에 집중되어 있으나 1999년에는 남·동 아시아, 중남미, 동구 유럽에도 분포되어 있다. 그러나 개발도상국 중에서 여전히 남·동아시아에 1988년, 1999년 모두 집중되어있다. FDI 유출에서는 1988년에는 선진국과 아시아에서만 이루어지고 있으나 1999년에는 아시아, 중남미, 동구 유럽에서 모두 나타나고 있다. 그리고 패션산업의 교역에서와 유사하게 아프리카는 패션산업의 FDI도 매우 미약함을 나타낸다.

[표 2-6] 패션산업에서 FDI의 지리적 분포(단위: 백만 불 F.O.B.)

	선진국	개발도상국				세계	동구유럽
		아프리카	남, 동 아시아	중남미	합계		
FDI 유입(inward stock)							
1988	11068	0	3064	922	3986	15054	0
1999	23981	_	9534	1689	11254	36255	1020
FDI 유출(outward stock)							
1988	9189	–	45	–	70	9260	0
1999	23047	–	941	3	946	24008	17

자료: *World Investment Report*(UN, 1999~2001, New York and Geneva: UN)에서 패션산업(Sector: clothing, textile and leather)의 FDI 유입 및 유출 자료 이용.

이상의 결과에서 보면, 패션산업에서 생산량은 감소나 미약한 증가를 보이는 반면 교역량과 해외직접투자는 1980년대에 비해 최근에 이르기까지 전반적으로 많이 증가하고 있다. 패션산업에서 교역과 해외직접투자의 지리적 분포를 보면 1980년대에 유럽이 중심적이었으나 그 이후 점차적으로 아시아와 미주로 교역 및 해외직접투자가 확장되었음을 나타낸다.

(2) 개도국으로 세계적 경쟁의 확장(무역의 역흐름)

선진국에서 개발도상국으로 세계적 경쟁이 확대되고 있음을 조사하기 위해 개발도상국 어패럴시장에서 선진패션산업국의 수출점유율 변화와 선진패션산업국의 해외직접투자 유출과 개발도상국의 해외직접투자 유입을 조사·분석하였다.

[표 2-7], [그림 2-2]는 1980-1999년간 개발도상국 어패럴시장에서 선진국의 수출 현황을 나타낸 것으로, 세계 어패럴시장에서 선진국의 어패럴 수출은 1980년에서 1999년에 이르기까지

전체적으로 지속적인 하락을 보이고 있으나 개발도상국 어패럴시장에서 선진국의 수출은 1980년에서 1991년까지 지속적인 하락을 보이다가 1992년부터 점진적인 상승을 보이고 아시아 IMF구제금융이 있었던 1998년에 잠시 하락을 보이다가 다시 상승하고 있으며 전반적으로 1990년대에 걸쳐 상승하고 있다.

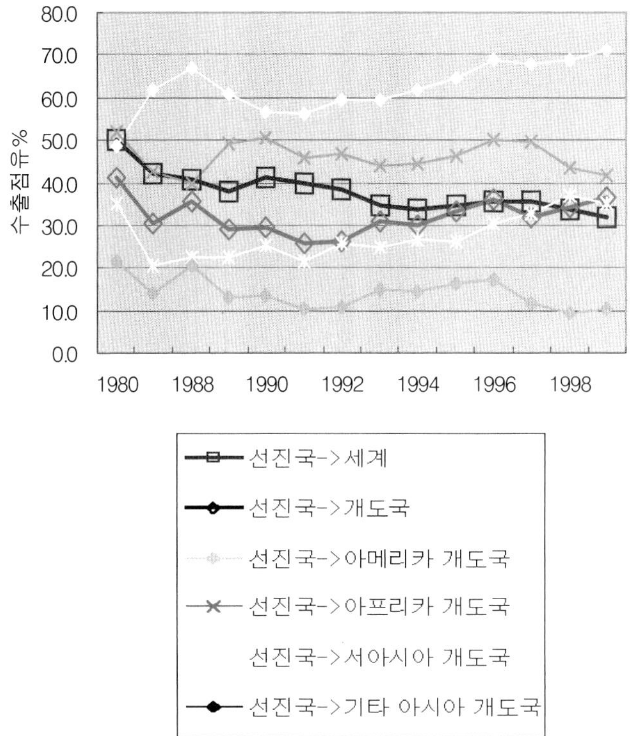

자료: [표 2-7]과 동일

[그림 2-2] 개발도상국 어패럴시장에 대한 선진국의 수출 현황

[표 2-8], [그림 2-3]은 1980년-1999년간 개발도상국 패션시장에서 선진국의 수출 현황을 나타낸 것으로, 어패럴시장과 유사

한 결과를 나타내고 있다. 즉 세계 패션시장에서 선진국의 패
션제품수출은 1980년에서 1999년에 이르기까지 지속적인 하락
을 보이고 있으나 개발도상국 패션시장에서 선진국의 수출은
1980년대에는 지속적인 하락을 보이다가 1995년 이후부터 점
차 증가하고 있다.

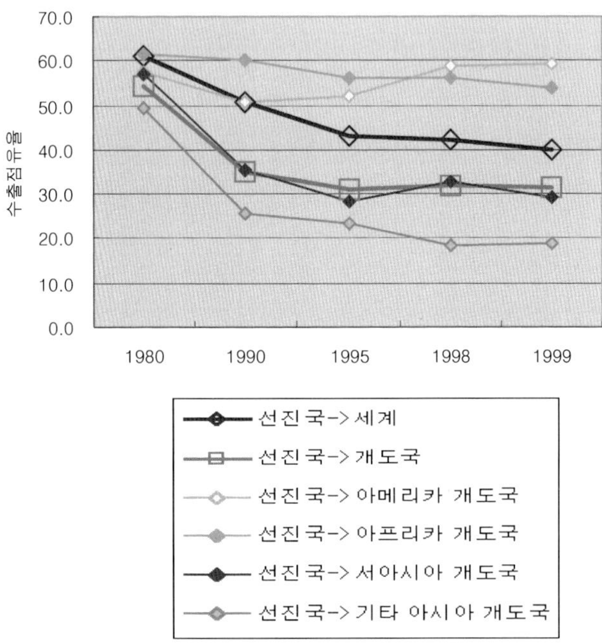

자료: [표 2-7]과 동일

[그림 2-3] 개발도상국 패션시장에 대한 선진국의 수출 현황

[표 2-7] 개발도상국 어패럴시장에 대한 선진국의 수출 현황(단위:백만 불 F.O.B.)

수입지역	세 계			개 도 국			아메리카 개도국			아프리카 개도국			서아시아 개도국			기타 아시아 개도국		
수출지역	세계	선진국	%	세계	선진국	%	세계	선진국	%	세계	선진국	%	세계	선진국	%	세계	선진국	%
1980	39938	20015	50.1	5310	2186	41.2	1510	734	48.6	1152	599	52.0	1564	547	35.0	896	191	21.3
1987	77258	32611	42.2	7541	2294	30.4	1453	896	61.7	973	413	42.4	2076	428	20.6	2775	395	14.2
1988	83717	33945	40.5	7994	2832	35.4	1749	1168	66.8	1133	450	39.7	2098	473	22.5	2715	554	20.4
1989	94200	35652	37.8	11765	3419	29.1	2453	1494	60.9	846	417	49.3	2174	484	22.3	5952	792	13.3
1990	109003	45030	41.3	14143	4142	29.3	2822	1596	56.6	1012	510	50.4	2175	548	25.2	7481	1008	13.5
1991	119198	47280	39.7	17640	4517	25.6	3667	2063	56.3	1181	542	45.9	2754	589	21.4	9576	986	10.3
1992	136514	52291	38.3	22205	5841	26.3	4660	2762	59.3	1509	704	46.7	3135	808	25.8	12477	1319	10.6
1993	134998	46735	34.6	21192	6522	30.8	5402	3214	59.5	1475	648	43.9	3312	817	24.7	10570	1585	15.0
1994	149794	50704	33.8	25984	7833	30.1	6285	3891	61.9	1500	664	44.3	3225	865	26.8	14469	2070	14.3
1995	166924	57852	34.7	27562	9217	33.4	7084	4580	64.7	1881	867	46.1	3804	992	26.1	14178	2348	16.6
1996	175146	62177	35.5	28505	10282	36.1	7583	5215	68.8	1854	925	49.9	3529	1079	30.6	14833	2571	17.3
1997	191593	67844	35.4	36741	11673	31.8	9648	6533	67.7	2148	1062	49.4	3617	1186	32.8	20586	2370	11.5
1998	191457	64202	33.5	34322	11700	34.1	10434	7177	68.8	2402	1042	43.4	3582	1326	37.0	17193	1607	9.3
1999	188348	60242	32.0	33380	12130	36.3	10910	7759	71.1	2382	996	41.8	3565	1257	35.3	15758	1609	10.2

자료: *International Trade Statistics Yearbook. Vol II; Trade by commodity*(UN, 1991~2000, New York; UN) 중에서 World export by commodity classes and regions 자료로부터 수출점유%를 계산,
주) 어패럴제품 분류: 의류제품(SITC Rev.2 and Rev.3, 84, Clothing)
주) 선진국 및 개도국 분류는 <부록 2> 참조

[표 2-8] 개발도상국 패션시장에 대한 선진국의 수출 현황(단위:백만 불 F.O.B.)

수입지역	세계			개도국			아메리카 개도국			아프리카 개도국			서아시아 개도국			기타 아시아 개도국		
수출지역	세계	선진국	%	세계	선진국	%	세계	선진국	%	세계	선진국	%	세계	선진국	%	세계	선진국	%
1980	115287	70583	61.2	28755	15657	54.4	3909	2238	57.3	4749	2929	61.7	5959	3399	57.0	12862	6370	49.5
1990	246098	124889	50.7	63441	22106	34.8	6919	3504	50.6	5944	3576	60.2	7988	2835	35.5	39809	10116	25.4
1995	362089	155306	42.9	118705	36770	31.0	15920	8284	52.0	8774	4907	55.9	13893	3937	28.3	77677	17966	23.1
1998	379017	159293	42.0	116720	37397	32.0	21788	12771	58.6	9375	5245	55.9	14050	4610	32.8	68386	12733	18.6
1999	369973	147873	40.0	113108	35590	31.5	20861	12314	59.0	9350	5014	53.6	12917	3779	29.3	67295	12753	19.0

자료: *UNTAD Handbook of Statistics*(UN. 2001. Vienna:UN)에서 Exports of Textile fibres, Texile yarn and fabrics and clothing 자료로부터 수출점유율을 계산.

주) 패션제품분류: 직물 및 의류제품(SITC 26+65+84, Textile fibres, Texile yarn and fabrics and clothing)
주) 선진국 및 개도국 분류는 <부록 2> 참조

[그림 2-4]는 개발도상국 어패럴시장에서 지역별 선진국의 수출 현황을 나타낸 것으로, 미국과 오스트렐리아는 1980년대 후반부터 세계 어패럴시장에서 점진적인 상승을 나타내고 있으며 개발도상국 어패럴시장에서는 급격한 상승을 나타내고 있다. 반면 유럽과 일본은 세계 어패럴시장에서 전반적으로 하락을 나타내고 있으며 개발도상국 어패럴시장에서 유럽은 1990년대 초반 이후 수출점유율을 그대로 유지되고 있으나 일본은 지속적인 하락을 나타내고 있다.

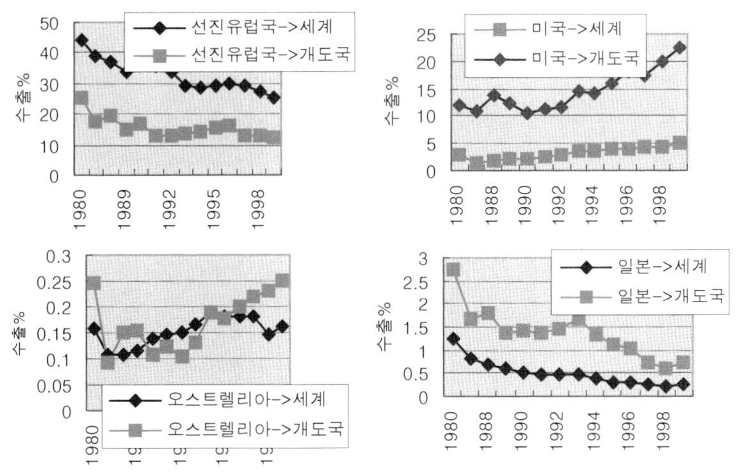

자료: [표 2-7]과 동일

[그림 2-4] 개발도상국 어패럴시장에 대한 지역별 선진국의 수출 현황

이상의 결과는 종합해보면 대체로 선진국은 세계 어패럴시장에서 전반적으로 점진적인 하락을 보이고 있으나 개발도상국 어패럴시장에서 선진패션산업국을 중심으로 1990년대 이후 전반적으로 상승을 보이고 있다. 이러한 결과는 문헌적 연구에서 나타났던 선진국에서 한정되었던 세계적 경쟁의 개발도상국으로

즉 전세계로 확장되고 있음을 지지하며, 또한 Zhang(1997)이 언급한 1990년대 중반에 나타났던 무역의 역흐름 즉 패션산업에서 무역의 주된 흐름인 개발도상국에서 선진국으로의 무역 흐름에 역행하는 흐름이 1990년대 후반까지 지속되고 있음을 나타내준다.

즉 선진패션기업들의 세계화 전략 중 하나가 보호무역시장에 대한 시장 진입으로, 신흥산업국과 개발도상국들이 선진패션기업의 시장으로 전환되고 있다. 선진국의 많은 어패럴 기업들은 국제적으로 상품시장을 개발하고자 경제성장이 빠르고 생활수준이 빠르게 향상되어 구매력을 가지고 있는 개도국 시장에 도전하기 시작하였다. 이에 따라 신흥공업국과 개도국에서 세계적 경쟁 위협이 점차 증가하고 있다.

[표 2-9]는 선진국에서 FDI 유출과 개발도상국에서 FDI 유입을 나타내는 것으로, 1988년과 1997년을 비교해보면 패션산업에서 선진국의 FDI 유출액은 각국에 따라 비율이 다르지만 3배 이상 증가하였고 FDI 투자국의 수도 증가하였다. 반면 FDI 유입을 살펴보면, 1988년에 비해 1997년에는 선진국으로의 FDI 유입이 2배 증가한 반면 개발도상국으로의 유입은 3배 이상 증가하였으며 1999년에는 동구 유럽으로의 FDI 유입이 있었다. 그러나 개발도상국으로의 FDI 유입은 아시아와 중남미에 집중되었으며 1997년 이후에서야 동구 유럽으로의 유입이 이었다.

이러한 결과는 개발도상국 어패럴시장에서 선진국 수출의 증가와 마찬가지로 선진국에 한정되었던 글로벌 경쟁이 개발도상국으로 전세계로 확장되고 있음을 나타낸다.

[표 2-9] 패션산업에서 선진국의 FDI 유출과 개발도상국의 FDI 유입

선진국에서 FDI 유출(outward stock)(단위: 백만 불)

	호 주	오스트리아	캐나다	핀란드	프랑스	독 일	아이스랜드
1988	0	63	0	0	708	1079	0
1997		395			1299	2741	2

	이탈리아	일 본	노르웨이	스위스	영 국	미 국	덴마크	합 계
1988	0	2680	0	0	5763	1616		11909
1997	1970	10855		497	16571	3203	84	37618

개발도상국에서 FDI 유입(INWARD STOCK)(단위: 백만 불)

	선진국	개발도상국				세계	동구 유럽
		아프리카	남, 동아시아	중남미	합계		
1988	11068	0	3064	922	3986	15054	
1997	23314	0	12548	1331	13915	37229	
1999	23981	_	9534	1689	11254	36255	1020

자료: *World Investment Report*, UN, 2000~2001, New York and Geneva: UN.
주) 본 표에서 패션산업은 의류, 직물, 가죽산업(clothing, textiles, leather)
   을 포함함.
주) 선진국과 개발도상국 분류는 <부록 2> 참조.

2) 패션산업에서 지리적 근접성 및 무역 블록화

패션산업에서 지리적 근접성과 무역블록의 중요성이 증가하
고 있는가를 조사하기 위해 미주, 유럽에서 근접국과 지역협정
국 간의 교역 증가를 조사하였다. 이 책에서는 UN과 OTEXA
통계자료로부터 사용 가능한 지역협정국의 교역 증가만을 조
사하였다.

(1) 미 주

[그림 2-5]는 미주에서 근접국간의 어패럴제품의 교역현황을 나타내고 있는데, 미주 지역 내에서 대체로 증가세를 나타내고 있는 교역은 미국을 중심으로 한 교역(즉 미국←→캐나다, 미국←→중남미 교역)의 경우이고, 미국을 제외한 교역((캐나다←→중남미, 중남미←→중남미 교역)에서는 대체로 모두 감소하고 있다. [그림 2-6]는 미주에서 근접국간의 패션제품의 교역현황을 나타내고 있는데, [그림 2-5]의 어패럴제품의 교역 현황과 매우 유사하다. 그러나 중남미에서 미국으로의 수출은 어패럴제품에서처럼 증가를 나타내지 못하고 있다.

[그림 2-7]은 대미 패션제품 수출국들의 수출 현황을 나타내고 있는데, 홍콩이나 한국, 대만은 급격한 감소를 보이고 있으며 OECD, EU15도 보다 완만하지만 감소를 나타내고 있고, 미국 내에서 증가를 나타내고 있는 수출국들은 NAFTA(캐나다, 멕시코), CBI 국가들이다. NAFTA는 북미자유무역협정으로, CBI는 카리브 지역 개발지원 계획으로 미국을 중심으로 한 협정들이다.

이상의 결과는 미국과 캐나다, 미국과 중남미 간의 교역은 지속적으로 증가하고 있으나 캐나다와 중남미, 그리고 중남미 국가들 간의 교역은 지속적으로 감소하는 경향을 나타낸다. 그리고 비관세협정에서도 미국을 중심으로 한 NAFTA, CBI 국가들의 대미 수출은 급격하게 증가하고 있는 것을 볼 수 있으나 미국을 제외한 LAIA, CBI 국가들을 속하는 즉 중남미 지역의 국가들 간에는 큰 변화가 없고 오히려 감소 경향을 나타낸다.

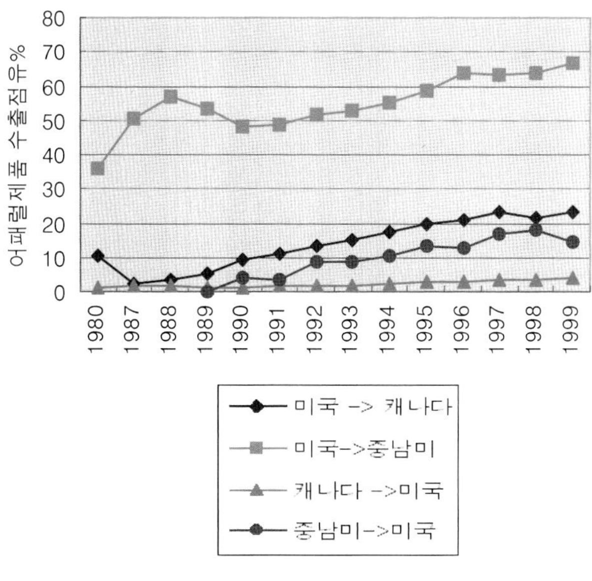

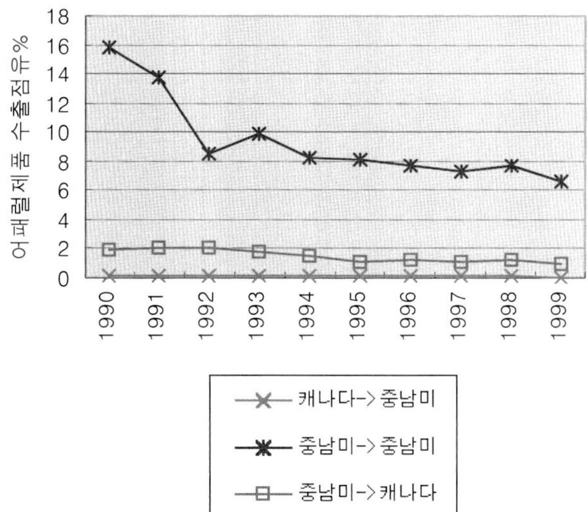

자료: *International Trade Statistics Yearbook. Vol II: Trade by commodity* (UN, 1991~2000, New York; UN)에 있는 World export by commodity classes and regions 자료를 이용하여 수출점유%를 계산.

주) 어패럴제품 분류: 의류제품(SITC Rev.2 and Rev.3, 84 clothing)

[그림 2-5] 미주에서 어패럴제품 교역현황

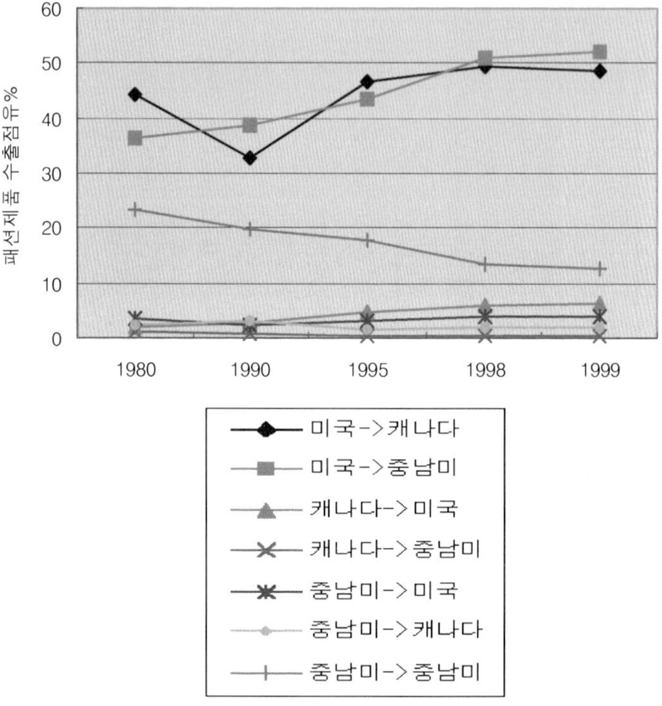

자료: *UNTAD Handbook of Statistics*(UN, 2001, Vienna: UN)에서 Exports of Textile fibres, Texile yarn and fabrics and clothing 자료를 이용하여 수출점유%를 계산.
주) 패션제품 분류: 직물 및 의류제품(SITC 26+65+84 Textile fibres, Texile yarn and fabrics and clothing)

[그림 2-6] 미주에서 패션제품 교역현황

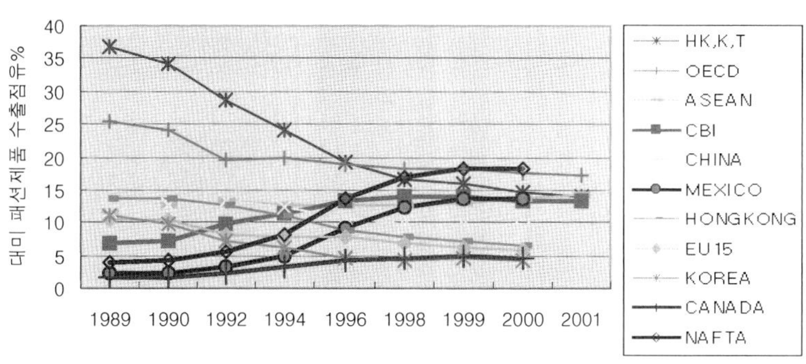

자료: http://otexa.ita.doc.gov 에서 미국 내 수입 통계자료를 이용하
     여 대미수출국의 수출점유%를 계산하였다.
주) HK, K, T: 홍콩, 한국, 대만
   OECD: 부록참조(부록 4)
   ASEAN(동남아시아연합): 필리핀, 말레이지아, 인도네시아, 태국, 브르
                        나이, 베트남
   CBI(Caribbean Basin Initiative): 부록참조(부록 4)
   EU15(유럽연합 15):벨기에, 프랑스, 서독, 이탈리아, 룩셈부르크, 네덜
                      란드, 덴마크, 아일랜드, 영국, 그리스 포르투갈, 스
                      페인, 오스트리아, 핀란드, 스웨덴
   NAFTA(북미자유무역협정): 미국, 캐나다, 멕시코

[그림 2-7] 대미 패션제품 수출 현황

(2) 유 럽

[그림 2-8]은 유럽에서 근접국간의 어패럴제품의 교역 현황
을 나타내고 있는데, 증가를 나타내고 있는 교역은 선진유럽국
을 중심으로 한 교역 즉 선진유럽국과 동구 유럽국 간, 선진유
럽국과 유럽개도국 간의 교역에서 증가를 보이고, 그 외의 교
역 즉 선진유럽간, 동구 유럽간, 유럽개도국과 동구 유럽 간
교역에서 감소를 나타내고 있다. [그림 2-9]는 유럽에서 근접국
간의 패션제품의 교역현황을 나타내고 있는데, [그림 2-8]과 마
찬가지로 선진유럽과 동구 유럽 간의 교역에서는 증가를 나타
내지만 그 외의 교역에서는 감소를 나타낸다.

[그림 2-10]은 유럽에서 비관세협정국 간의 교역현황을 나타내는
데 EEC, EFTA 회원국간의 교역에서 모두 감소를 나타내고 있다.

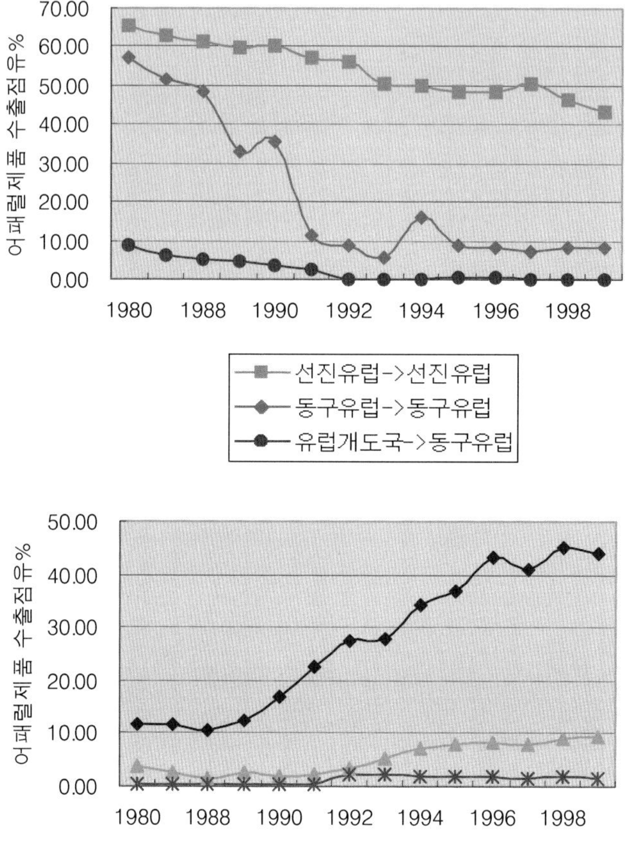

자료: [그림 2-5]와 동일

[그림 2-8] 유럽에서 어패럴제품 교역 현황

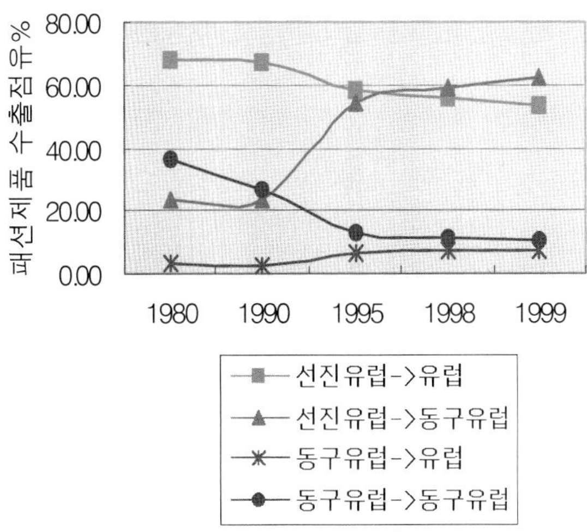

자료: [그림 2-5]와 동일

[그림 2-9] 유럽에서 패션제품 교역 현황

　이상의 결과는 유럽 내의 근접국과 비관세협정국 간의 어패럴 제품과 패션제품의 교역 현황이 미주에서처럼 선진 유럽국과 유럽개도국 또는 동구 유럽국 간에 교역이 지속적으로 증가하지만 그 외에 동구 유럽국가들 간에, 유럽개도국들 간에, 동구 유럽과 유럽개도국 간의 교역이 감소함을 나타낸다. 그리고 미주와는 달리 EEC, EFTA, EU와 같은 지역적 비관세협정 국가들 내에서도 어패럴제품과 패션제품 모두에서 지속적으로 감소하고 있음을 나타낸다.

　세계화 환경은 패션산업의 세계화를 가져왔으며 특히 이는 노동집약적 특성이 강한 어패럴산업에서 글로벌 생산을 확대시켰다. 그러나 최근 패션사이클이 더욱 빨라지면서 그리고 지역적 수요가 빠르게 변화하면서 생산의 세계화는 많은 문제점을 야기하였으며 이에 대한 대응으로 의류직물 무역의 흐름은 지리적으로 근접한 지역에서의 생산에 초점을 맞추기 시작하였다.

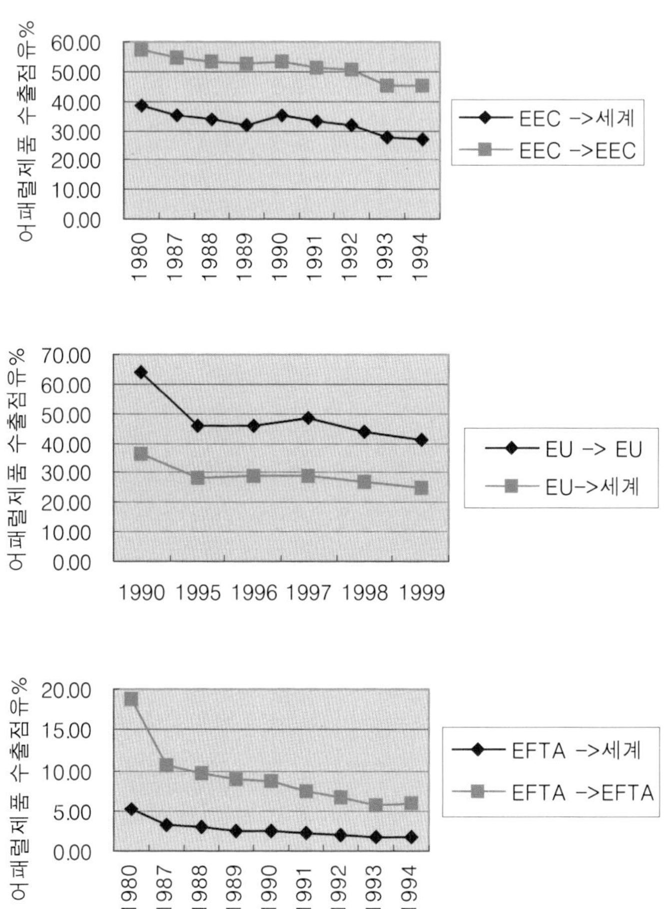

자료: [그림 2-5]와 동일

[그림 2-10] 유럽에서 비관세협정 내의 어패럴제품 교역현황

더욱이 비관세협정을 비롯한 무역협정이 전세계를 3개의 무역블록으로 나뉘면서 근접국과 비관세협정국 간에 패션제품의 교역은 더욱 증가될 것이라는 문헌적 연구의 명제는 부분적으로만 실증되었다. 즉 패션산업에서 근접성의 중요성은 선진패션산업국과 근접한 개도국간에서만 나타났다. 즉 미국과 캐나다, 중남미, 그리고 선진유럽국과 유럽개도국, 동구 유럽 간에서만 교역이 증가하였고 그 외의 교역에서는 감소하였다. 그리고 무역블록 내의 지역적 비관세협정의 중요성도 미주에서만 나타났다. 즉 미주에서만 비관세협정 국 간에 교역이 증가하였고 유럽에서는 교역이 증가하지 않았다.

이는 명제 2-3의 선진국과 개발도상국의 분업체제에서 보여주었던 일방무역이나 산업간 무역과는 대비되는 현상으로, 무역블록 내의 근접한 또는 비관세협정국 내의 선진국과 개발도상국은 상호간의 교역이 증가하고 있다. 이는 여러 가지 이유로서 설명이 가능한데 즉 해외가공 및 조립에 의한 산업 내 무역의 증가로서, 또는 근접한 개발도상국으로 글로벌 경쟁의 초기 확장으로서 설명을 할 수 있다.

어떤 이유든지 이는 이론적 배경에서 언급하였던 패션제품의 노동집약적 특성과 패션시장의 이분적 특성, 제조산업의 국제화에서 나타나는 분업적 체제의 특성이 세계화 환경으로 국제적으로 더욱 뚜렷하게 나타나고 있는 것이라 할 수 있다.

3) 어패럴산업에서 생산경비와 생산이동

패션산업에서 나타난 세계화 특성은 패션산업 특히 어패럴산업의 특성 즉 노동집약적이면서 정보의 가치가 매우 중요한 그리고 저가품과 고가품의 이분적 특성이 뚜렷한 특성으로 인해 선진국과 개발도상국에서 뚜렷하게 차이가 난다. 이는 패션산업에서 선진국에서 개발도상국으로의 지속적인 생산이동을 가져왔고 세계화는 생산이동에 급격히 증가시켰다. 이를 조사하기 위해 선진국, 신흥공업국, 개발도상국의 각 패션산업 생산지수, 고용율, 교역량을 조사·분석하였다.

[표 2-10]은 1991-1998년간 주요 패션산업국의 생산지수의 변화를 나타낸 것으로, 선진국에서는 미국, 캐나다, 이태리 등 일부 나라를 제외하곤 전반적으로 생산지수가 감소하였으며, 신흥공업국인 한국, 홍콩, 싱가포르의 생산지수는 모두 감소하였으며, 개발도상국 패션산업국에서는 대체로 증가하였다.

[표 2-11]은 1991-1999년간 선진국과 신흥공업국 패션산업에서 고용율의 변화를 나타낸 것으로, 스페인과 노르웨이를 제외한 모든 선진국과 신흥공업국에서 패션산업의 고용율이 감소하였다.

[표 2-10] 1991-1998 년간 주요 패션산업국의 생산지수 변화율

국 가	Slope	국 가	slope
선진국		**개도국**	
Canada	3.8	**아프리카**	
US	1.4	Cote d`Ivoire	10.1
Japan	-4.9	Ghana	12.6
Austria	-4.0	Mali	8.6
Australia	-1.6	Morocco	3.3
Belgium	-2.2	Tunisia	10.2
Denmark	0.2	Uganda	6.6
Finland	-0.4	Zambia	1.3
France	-3.8	**중남미**	
Germany	-5.3	El Salvador	2.6
Greece	-4.3	Guatemala	2.8
Ireland	-1.4	Honduras	60.4
Italy	1.6	Mexico	2.0
Luxemborg	-0.1	Trinidad and Tobago	0.5
Netherland	-1.3	Bolivia	13.5
Norway	0.1	Peru	8.3
Portugal	-2.7	**아시아**	
Spain	-0.9	Bangladesh	14.2
Sweden	-0.7	India	10.0
Switzerland	-1.3	Indonesia	8.2
UK	-1.2	Iran	1.2
NICs		Jordan	0.7
Korea, Repubic	-6.4	Malaysia	8.2
Singapore	-8.8	Myanmar	16.1
		Syrian Arab Repubic	0.8
		Turkey	4.4
China, Hong Kong	-2.0	Sri Lanka	21.1
		기타	
		Malta	4.9

국 가	Slope	국 가	slope
		Fiji	27.9

자료: *Statistical Yearbook forty-fourth issue*(UN, 2002, New York: UN)
에 있는 1991-1998년간 국가별 패션산업의 생산지수(Index numbers
of industrial production, 1990=100))를 이용하여 선형회귀선의 기울기
(slope)를 계산하였다.
주) 본 표에서 패션산업은 직물, 의류, 가죽, 신발 산업(textile, clothing,
leather, footwear)을 포함한다.
주) 선진국과 NICs(신흥공업국), 개도국 분류는 <부록2> 참조.

[표 2-11] 1991-1999 년간 선진국과 신흥공업국의 패션산업 고용율의 변화

국 가	slope	국 가	slope
선진국		Portugal	-1.5
Australia	-0.8	Spain	2.0
Canada	-0.2	Switzland	-1.1
Denmark	-0.8	United Kingdom	-9.8
Finland	-0.2	United States of America	-41.5
France	-6.6	**NICs**	
Germany	-12.2	China	88.0
Italy	17.8	Hong Kong	-20.2
Japan	-30.6	Republic of Korea	-10.6
Norway	0.0	Singapore	-2.5

자료: International Yearbook of Industrial statistics(Vienna; UNIDO, 1996,
1998, 2000, 2001, 2002)에 있는 1991-1998 년간 국가별 패션산업의 고용인 수
(number of employee)를 이용하여 선형회귀선의 기울기(slope)를 계산.
주) 자료 년도에 따라 통계치가 약간씩 차이가 있었으므로, 차이가 있는 통계치의
경우 최신 년도의 것을 이용하였음.
주) 선진국과 NICs(신흥공업국), 개도국 분류는 <부록 2> 참조.

[표 2-12]와 [그림 2-11]은 1980년에서 1999년간 세계 어패럴
시장과 선진국 어패럴시장에 대한 선진국과 개도국의 수출을
비교한 것으로, 세계 어패럴시장과 선진국 어패럴시장에서 선

진국의 수출은 지속적으로 감소하였으나 반대로 개발도상국의 수출은 지속적으로 증가하였다.

[표 2-12] 세계 및 선진국 어패럴시장에 대한 선진국과 개도국의 수출 비교

(단위: 백만 불 F.O.B.)

수출 지역	세계	선진국		개도국		세계	선진국		개도국	
수입 지역	세계	세계	%	세계	%	선진국	선진국	%	선진국	%
1980	39938	20015	50.1	16974	42.5	31381	17404	55.5	12997	41.4
1987	77258	32611	42.2	41171	53.3	65621	29835	45.5	34489	52.6
1988	83717	33945	40.5	46664	55.7	71302	30636	43.0	39760	55.8
1989	94200	35652	37.8	55710	59.1	78058	31683	40.6	45047	57.7
1990	109003	45030	41.3	61453	56.4	90430	40132	44.4	48815	54.0
1991	119198	47280	39.7	69877	58.6	97551	41725	42.8	54259	55.6
1992	136514	52291	38.3	81378	59.6	109908	45156	41.1	62359	56.7
1993	134998	46735	34.6	84401	62.5	108899	38764	35.6	66616	61.2
1994	149794	50704	33.8	92981	62.1	118822	41138	34.6	72468	61.0
1995	166924	57852	34.7	101861	61.0	133212	46465	34.9	80419	60.4
1996	175146	62177	35.5	105047	60.0	140295	49262	35.1	83953	59.8
1997	191593	67844	35.4	115580	60.3	147275	53254	36.2	86743	58.9
1998	191457	64202	33.5	118024	61.6	149659	49356	33.0	92029	61.5
1999	188348	60242	32.0	119149	63.3	146447	45307	30.9	93122	63.6

자료: *International Trade Statistics Yearbook. Vol II; Trade by comm. Oddity* (UN, 1991~2000, New York; UN)의 World export by commodity classes and regions 자료를 사용하여 수출점유%을 계산.
주) 어패럴산업은 의류제품(SITC, Rev.2 and Rev.3, 84, clothing)산업임.
주) 선진국과 개도국 분류는 <부록2> 참조.

이러한 현상은 전세계가 생산과 서비스의 세계화를 심화시키면서 등장한 산업 발전 패턴에서 야기된 변화이다. 이러한 산업 발전 패턴은 무역 자유화, 자본 및 서비스, 기술의 전세계로의 이동에 의해 더욱 빠르게 변화되고 있으며 더 나아가 국가의 경계를 넘어 생산체계의 통합을 증가시키며 국제적 경제관계를 더욱 진보적으로 강화시키고 있다(UNIDO, 1996a).

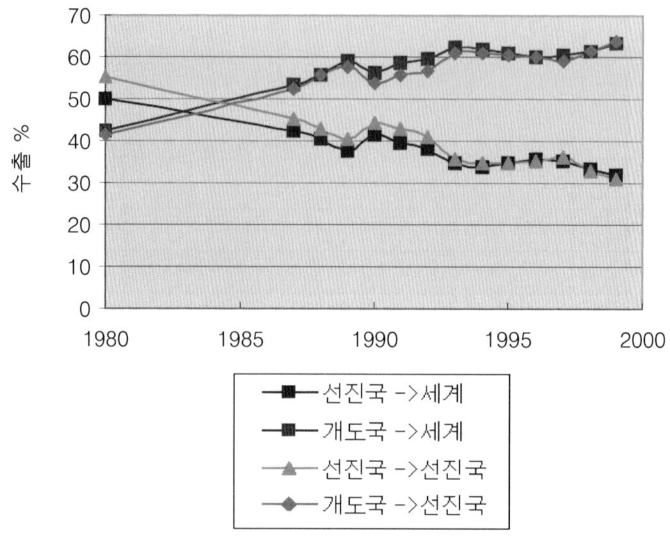

자료: [표 2-12]와 동일

[그림 2-11] 세계 및 선진국 어패럴시장에 대한 선진국과 개
도국의 수출 비교

4) 패션산업에서 분업 구조 형성

패션산업에서 즉 노동집약적이면서 정보의 가치가 매우 중
요한 그리고 저가품과 고가품의 이분적 특성이 뚜렷한 특성으
로 인해 선진국과 개발도상국에서 뚜렷하게 차이가 난다. 이는
위에서 언급한 바와 같이 선진국에서 개도국으로의 생산이동
이외도 선진국과 개도국 간의 분업구조를 형성케 하였다.

(1) 선진국과 개도국간의 분업구조 형성

패션산업에서 선진국과 개발도상국 분업체제를 조사하기 위
해 선진국과 개발도상국 간의 일방-쌍방 무역 정도와 산업 내
무역지수를 측정하였다. 선진국과 개발도상국의 가공 무역이나

공정별 분업체제는 일반적으로 개도국의 일방무역을 나타내거나 선진국과 개도국 간의 산업간 무역지수를 나타낸다.

[표 2-13]은 1980년에서 1999년까지 패션산업에서 선진국과 개도국 간의 쌍방무역지수를 나타낸 것으로, 쌍방무역지수가 0.1 이하이면 일방무역을 0.1 이상이면 쌍방무역을 나타낸다. 세계-선진국, 세계-개도국 간의 쌍방무역지수가 모두 0.1 이상이므로 쌍방무역을 나타내지만 선진국-개도국 간의 쌍방무역지수는 1993년 이후부터는 0.1 이상으로 쌍방무역을 나타내지만 이전에는 0.1 이하로 일방무역을 나타낸다.

[표 2-13] 선진국과 개도국간의 쌍방무역지수(단위: 백만 불)

	세계-선진국			세계-개도국			선진국-개도국		
년도	수출	수입	쌍방무역지수	수출	수입	쌍방무역지수	수출	수입	쌍방무역지수
1980	20015	31381	0.64	16974	5310	0.31	2186	12997	0.17
1987	32611	65621	0.50	41171	7541	0.18	2294	34489	0.07
1988	33945	71302	0.48	46664	7994	0.17	2832	39760	0.07
1989	35652	78058	0.46	55710	11765	0.21	3419	45047	0.08
1990	45030	90430	0.50	61453	14143	0.23	4142	48815	0.08
1991	47280	97551	0.48	69877	17640	0.25	4517	54259	0.08
1992	52291	109908	0.48	81378	22205	0.27	5841	62359	0.09
1993	46735	108899	0.43	84401	21192	0.25	6522	66616	0.10
1994	50704	118822	0.43	92981	25984	0.28	7833	72468	0.11
1995	57852	133212	0.43	101861	27562	0.27	9217	80419	0.11
1996	62177	140295	0.44	105047	28505	0.27	10282	83953	0.12
1997	67844	147275	0.46	115580	36741	0.32	11673	86743	0.13
1998	64202	149659	0.43	118024	34322	0.29	11700	92029	0.13
1999	60242	146447	0.41	119149	33380	0.28	12130	93122	0.13

주) 선진국과 개도국 분류는 <부록 2> 참조.

[표 2-14]는 1980년에서 1999년까지 패션산업에서 선진국과 개도국 간의 산업 내 무역지수를 나타낸 것으로, Bi값이 0에

가까울수록 산업간 무역을, 1에 가까울수록 산업 내 무역을 나타낸다. 세계화-선진국 간의 산업 내 무역지수는 대체로 **0.6** 이상으로 산업 내 무역을 나타내지만 선진국-개도국 간의 산업 내 무역지수는 **0.1-0.2**에 분포하며 산업간 무역을 나타낸다.

[표 2-14] 선진국과 개도국 간의 산업 내 무역지수(단위: 백만 불)

	세계-선진국			세계-개도국			선진국-개도국		
년도	수출	수입	산업 내 무역지수(Bi)	수출	수입	산업 내 무역지수(Bi)	수출	수입	산업 내 무역지수(Bi)
1980	20015	31381	0.78	16974	5310	0.48	2186	12997	0.29
1987	32611	65621	0.66	41171	7541	0.31	2294	34489	0.12
1988	33945	71302	0.65	46664	7994	0.29	2832	39760	0.13
1989	35652	78058	0.63	55710	11765	0.35	3419	45047	0.14
1990	45030	90430	0.66	61453	14143	0.37	4142	48815	0.16
1991	47280	97551	0.65	69877	17640	0.40	4517	54259	0.15
1992	52291	109908	0.64	81378	22205	0.43	5841	62359	0.17
1993	46735	108899	0.60	84401	21192	0.40	6522	66616	0.18
1994	50704	118822	0.60	92981	25984	0.44	7833	72468	0.20
1995	57852	133212	0.61	101861	27562	0.43	9217	80419	0.21
1996	62177	140295	0.61	105047	28505	0.43	10282	83953	0.22
1997	67844	147275	0.63	115580	36741	0.48	11673	86743	0.24
1998	64202	149659	0.60	118024	34322	0.45	11700	92029	0.23
1999	60242	146447	0.58	119149	33380	0.44	12130	93122	0.23

주) 선진국과 개도국 분류는 <부록 2> 참조.

　이상의 결과는 일반적으로 자본집약적 내지 고도의 기술적인 생산공정은 선진국에서 그리고 노동집약적 내지 표준적인 생산공정은 개발도상국에서 담당하는 수직적 분업형 산업구조를 미약하게나마 지지한다. 아마도 이는 산업 내 무역구조 결정요인들 중 양국(지역)간 경제 규모의 차이와 양국(지역)간 요소부존 비율의 차이로 설명할 수 있다. 즉 선진국과 개발도상국 간 경제규모의 차이가 크기 때문에 생산되는 제품에 차이가 있으므로 산업 내 무역이 활발하지 못하며, 또한 선진국과 개발도상국 간 요소부존비율(노동-자본)의 차이가 크므로 산업 내 무역이 활발하지 못하다(이와는 반대로 선진국과 개발도상국 간 요소부존비율의 차이가 적다면 상품차별화에 대한 다양한 수요가 상호간에 서로 충족되므로 산업 내 무역이 증진된다).

그러나 1994년 이후 선진국과 개도국 간에 다른 측정치와 비교시 상대적으로 매우 미약하지만 선진국과 개도국 간의 쌍방무역이 나타나고 있는데 이는 선진국의 개도국으로의 수출 증가에서 연유한 것이다. 즉 세계화는 패션산업에서 선진국과 개도국 간에 가공무역이나 공정별 무역의 효율적인 분업체제를 형성시키고 있는 동시에 고부가가치 제품과 저비용제품의 이분적 시장을 형성시키고 있으며 이에 따라 세계적 상품 공급전략과 세계적 조달이 주요 전략으로 등장하고 있다

(2) 아시아에서 신흥공업국과 개도국의 분업구조 등장

아시아에서 신흥공업국(NICs)과 개발도상국 패션산업과의 관계를 조사·분석하기 위하여 교역과 FDI를 조사하였다. 교역자료는 위의 명제와 동일한 방법으로 UN통계자료를 이용하여 교역현황을 살펴보았다. 아시아 FDI 자료는 World Investment Report에서 제시하고 있는 통계자료를 이용하여 아시아의 신흥산업국과 아시아 개발도상국 중 선두 패션산업에서 FDI유입현황과 아시아 개발도상국 패션산업에서 지역별 투자를 조사하였다.

[그림 2-12]는 아시아에서 어패럴제품의 교역 현황을 나타내는데, 아시아를 일본, 서아시아, 기타 아시아로 분류하였는데 (UN자료의 분류) 1980년부터 1999년까지 아시아에서 점진적인

증가를 나타내고 있는 교역은 기타 아시아→일본, 기타 아시아
→기타 아시아의 경우이고 서아시아는 1990년대 중반부터 서
아시아와 기타 아시아에서 증가를 나타내고 있으며 그 외의
교역 즉 일본→기타 아시아, 일본→서아시아 교역은 지속적인
감소를 나타낸다.

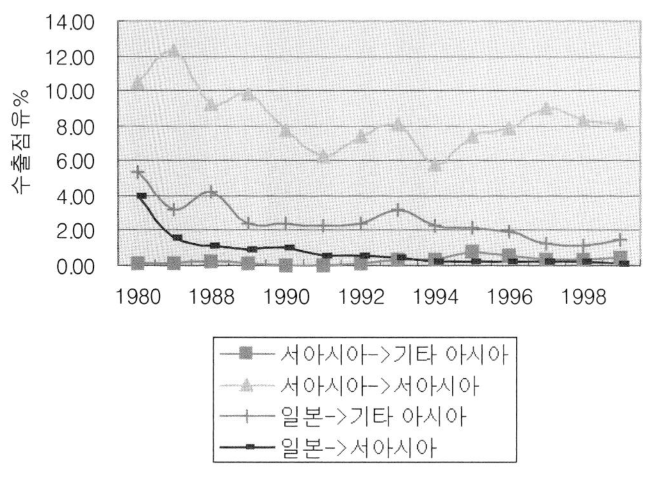

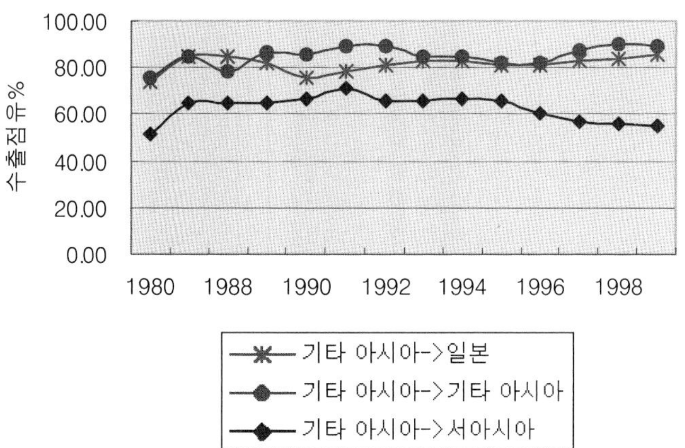

자료: *International Trade Statistics Yearbook. Vol. Ⅱ; Trade by commodity* (UN, 1991~2000, New York; UN)에서 World export by commodity classes and regions 의 통계자료를 이용하여 수출점유%를 계산.
주) 어패럴제품 분류: 의류제품(SITC Rev.2 and Rev.3, 84 Clothing).
주) 본 그림에서 기타 아시아는 서아시아와 일본을 제외한 아시아를 지칭함

[그림 2-12] 아시아에서 어패럴제품의 교역 현황

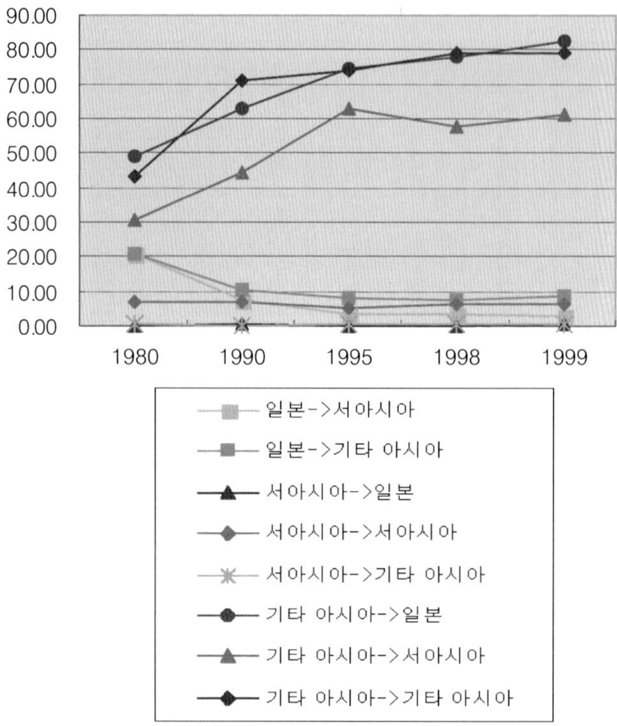

자료: *UNTAD Handbook of Statistics*(UN, 2001, Vienna: UN)에서 Exports of Textile fibres, Textile yarn and fabrics and clothing 통계자료를 이용하여 수출점유%를 계산.

주) 패션제품분류: 직물 및 의류제품(SITC 26+65+84, Textile fibres, Textile yarn and fabrics and clothing).

주) 본 그림에서 기타 아시아는 일본과 서아시아를 제외한 아시아를 지칭함.

[그림 2-13] 아시아에서 패션제품의 교역 현황

[그림 2-13]은 아시아에서 패션제품의 교역 현황을 나타내는데, 어패럴제품 약간의 차이를 보이는데 1980년대부터 1999년대까지 꾸준한 증가를 보이는 교역은 기타 아시아→일본, 기타 아시아→서아시아, 기타 아시아→기타 아시아 교역의 경우기고 그 외 교역의 경우 즉 일본→서아시아, 일본→기타 아시아, 서

아시아➔일본, 서아시아➔서아시아, 서아시아➔기타 아시아 교역에서 증가를 보이지 않고 있다.

이 결과는 미주와 유럽에서 보여졌던 무역블록 내의 또는 비관세협정국 내의 선진국과 개발도상국 간의 교역 증가와는 다르다. 오히려 아시아에서는 한국, 홍콩, 대만(big 3)을 포함한 기타 아시아와 또는 서아시아, 일본과의 관계에서 미주나 유럽에서 보여졌던 유사한 양상이 보인다. 즉 한국, 홍콩, 대만 등 패션신흥공업국과 후발개도국 간의 교역에서 패션산업의 노동집약적 특성과 패션시장의 이분적 특성, 제조산업의 국제화로 나타난 분업적 구조가 미약하나마 나타나는 것으로 사료된다.

[표 2-15]는 1987년에서 1998년간 아시아에서 신흥공업국과 개발도상국 중 선두 패션산업국의 해외직접투자 유입 현황을 나타내고 있는데 홍콩을 제외하고는 전반적으로 꾸준히 해외직접투자가 이루어지고 있었으며 방글라데시와 인도는 최근 급격히 증가하고 있다.

[표 2-16]은 1987년에서 1998년간 아시아의 개발도상국 중 선두 패션산업국의 FDI유입을 지역별로 나타내고 있는데, 필리핀, 인도네시아, 태국, 방글라데시 모두에서 세계 그리고 아시아로부터 FDI유입이 증가하였으며, 특히 이들 국가에 유입된 FDI총액에서 남, 동아시아 해외직접투자가 차지하는 비율이 점차 증가하였다.

[표 2-15] 아시아의 패션산업에서의 FDI 유입 현황

아시아 국가	1987	1988	1989	1990	1991	1992	1993	1994	1995	1996	1997	1998
NIC												
한국(Millions of dollars)		21	14	12	12	24	5	6	58	21	85	18
싱가포르(Millions of Singapore dollars)	18	17	2	13	21	18	4	3	30	12	13	
대만(Millions of dollars)	23	31	59	37	60	18	26	80	51	49	115	100
홍콩(Millions of HongKong-dollars)	566	**419**	178	89	-75	607	-102	-170	634	-1173	-460	
아시아 개도국												
방글라데시(Millions of taka)	240	476	2133	142	241	418	223	14605	7667	4648	6967	5523
인도(millions of rupees)						187	649	1461	1560	1603	2145	
인도네시아(Millions of dollars)			578	1083	532	591	419	396	471	515	373	
필리핀(Millions of dollars)	2	4	8	9	15	17	6	4	13	2	3	2
태국(millions of baht)	996	1111	686	1777	1143	1462	-227	869	941	1247	1494	

자료: *World Investment Directory: Foreign Direct Investment and Corporate. Vol. VII-part I, II.* (Asia and the Pacific.). UNIDO, 2000, New York and Vienna: UNIDO.

주) 패션산업은 의류, 직물, 가죽(Clothing, textile and leather)산업을 포함함.

주) NICs(신흥공업국) 및 개도국 분류는 <부록 2>

[표 2-16] 아시아 개도국*에서 지역에 따른 FDI 투자 현황

자료: [표 2-15]와 동일

Home Country	Host Country	1987	1988	1989	1990	1991	1992	1993	1994	1995	1996	1997
필리핀(Millions of dollars)	세계	2805	2869	3071	3268	3683	4011	4389	5270	6085	7366	8420
	아시아	205	214	250	287	370	435	476	593	949	1139	1316
	남, 동아시아	186	196	232	269	352	415	456	573	927	1117	1294
	일본	377	394	446	500	689	843	890	959	1204	1675	2006
인도네시아(Millions of dollars)	세계			4713	8751	8778	10323	8144	27353	39944	29928	33832
	아시아			1279	2752	2023	2790	2822	17296	5482	10716	9748
	남, 동아시아			1279	2751	2022	2790	2821	17296	5479	9053	9728
	일본			778	2240	929	1510	836	1562	3781	7655	5421
태국(millions of baht)	세계	69238	97202	142899	207594	258984	312675	356487	389728	439615	497087	614777
	아시아	12786	20926	35124	56745	78172	102448	110916	126316	140228	156904	187515
	남, 동아시아	12465	20560	34647	56181	77531	101773	110213	125581	139457	156586	187316
	일본	21188	35795	54557	82488	98081	106761	114493	117585	131440	144691	187069
인도(millions of rupees)	세계	1077	2397	3165	1181	5341	38875	88593	141872	320717	361468	548913
	아시아	238	230	289	142	521	7094	26515	12158	69233	77683	74010
	남, 동아시아	238	230	260	142	499	6978	16911	11078	67506	67796	71255
	일본											

Home Country	Host Country	1987	1988	1989	1990	1991	1992	1993	1994	1995	1996	1997
방글라데시	세계	2280	2547	3417	1319	3467	1017	2108	32165	29196	62607	45154
(Millions of taka)	아시아	1542	227	371	1040	2913	294	1503	26973	19993	26512	36775
	남, 동아시아	1419	227	371	641	2913	294	1503	15529	19477	26481	34905
	일본	41	–	–	–	77	38	84	1985	3363	25897	456

주) 본 표에서 아시아 개도국은 아시아 개도국 중 선두패션산업 개도국만을 조사하였음. 선두패션산업 개도국은 <부록3> 참조

아시아에서 해외직접투자유입과 유출에 대한 연구결과는 아시아 개발도상국 중 선두패션산업국으로의 해외직접투자 유입에서 아시아의 해외직접투자가 점차 증가하고 있으며 특히 신흥공업국이 포함되어있는 남, 동아시아의 해외직접투자도 같이 증가하고 있다[25]. 아시아에서 신흥공업국과 다른 아시아 국가들 특히 개발도상국 중 선두패션산업국간에 아메리카대륙과 유럽대륙의 선진국과 개발도상국 간에 보여졌던 분업체제가 미약하게나마 발생하고 있음을 나타낸다고 할 수 있다.

이상의 아시아에서의 교역과 해외직접투자 연구결과는 미주나 유럽에서 보여졌던 것과 유사하다고 할 수 있다. 즉 선진국과 개발도상국 간의 패션제품의 교역 증가는 미주의 경우 NAFTA나 SR의 멕시코, CBI 국가 등의 중남미개발도상국과 미국, 그리고 유럽의 경우 OPT(역외가공무역)을 하는 동구 유럽과 선진유럽의 결과로도 해석할 수 있다. 따라서 아시아에서도 가공 및 조립에 의한 산업 내 무역이 신흥공업국과 나머지 아시아 국가들 사이에서 나타나고 있다고 할 수 있다.

그리고 일본의 경우 아시아에서 해외직접투자가 차지하는 비율이 방글라데시나 인도의 경우 남, 동, 남동 아시아보다 작지만 인도네시아와 태국의 경우 크다. 그러나 다른 대륙에서 등장하였던 선진국과 개발도상국과의 교역 특히 일본의 대아시아 수출이 미비한 현상은 한국, 대만, 홍콩, 싱가포르를 포함한 신흥공업국의 영향과 일본의 아시아 가공무역 형태의 영향

---

[25] 더욱이 1980년에서 1998년까지 아시아, 태평양 지역의 해외직접투자 유출액 비교에서 살펴보면 신흥공업국(NICs)이 총 해외직접투자액의 80% 이상을 상회하고 있음을 나타내고 있다(UNIDO, 2002, p.43에 있는 표9 참조)

이 복합적으로 작용[26]하였기 때문이다.

5) 저생산비용 경쟁력과 부가가치의 경쟁력

패션산업에서 개발도상국의 저생산비용 능력과 선진국의 경쟁력 증가를 조사·분석하기 위해서 선진국과 개발도상국의 세계 부가가치 분포(world distribution of value added) 그리고 생산지수, 수출량의 변화를 비교하였다. 생산지수는 생산량에 대한 측정이며 세계부가가치 분포는 전세계부가가치에서 각국이 및 지역의 부가가치 점유율에 대한 측정이므로 실제 부가가치 분포의 변화를 알 수 있으며, 이것들과 비교해서 수출도 살펴볼 수 있다.

[표 2-17], [그림 2-14]는 1985년에서 2000년간 패션산업에서 전세계부가가치 분포의 변화를 나타낸 것으로, 동유럽을 제외한 일본, 북미, 유럽 선진국들의 부가가치 분포는 전세계부가가치 분포 중에서 **60%**를 유지하고 있다. 직물산업에서 일본과 동유럽은 부가가치 점유율이 지속적으로 감소하였으며 북미와 유럽은 증가하였고, 어패럴·가죽·신발 산업에서 북미는 부가가치 점유율이 증가하였고 일본과 서유럽은 변화가 없었으며 동유럽과 기타 선진국은 감소하였다. 신흥공업국과 개발도상국은 직물산업에서 부가가치 점유율이 증가하고 있으나 어패럴 및 가죽, 신발 산업에서는 아시아 신흥공업국을 제외한 2세대 신흥공업국과 개발도상국은 부가가치 점유율이 증가하였다.

[표 2-18]은 1990년에서 1998년간 패션산업에서 지역별 생산지수의 변화를 나타낸 것으로, 전세계에서 직물의 생산은 증가

---

[26] 박성익(1987)은 제조산업에서 일본의 대아시아 수출이 부진한 이유를 아시아 신흥공업국의 영향과 일본의 아시아 가공무역형태의 영향이라고 하였다.

하고 있으나 어패럴·가죽·신발의 생산은 감소하였으며, 직물산업에서 선진국은 지속으로 감소하였으나 개발도상국은 지속적으로 증가하였으며 어패럴·가죽·신발 산업에서 선진국의 생산은 20% 정도 감소하였고 개발도상국의 생산은 4% 정도 감소하였다. 지역별로 살펴보면, 직물산업에서 북미와 아시아의 생산은 증가하였고 그 이외의 유럽, EU, 라틴아메리카와 캐러비안 지역은 감소하였고 어패럴·가죽·신발 산업에서 북미를 제외한 모든 선진국과 개발도상국 지역에서 감소하였다

[표 2-17] 패션산업에서 전세계부가가치 분포의 변화

산업 분류(ISIC)	연도	선진국							개발도상국				세계
		합계	동유럽	서유럽		일본	미주		합계	NICs	2세대 NICS*	기타	
				EU	기타		북미	기타					
패션산업 직물산업 (321)	1985	77	18	27.4	0.9	15.2	14	1.5	23	13.9	3.3	5.8	100
	1990	74.9	17.2	27.7	0.8	13.2	14.6	1.4	25.1	14.6	4.9	5.6	100
	1995	70.2	4.9	32.1	0.9	10.7	20	1.6	29.6	17.2	6	6.6	100
	2000	67.4	5.2	32.3	0.8	8.5	19.1	1.5	32.6	18.6	6.6	7.4	100
어패럴산업 (322/3/4)	1985	77.3	13.6	33.9	0.6	10.2	17.1	1.9	22.7	14.9	3.3	4.5	100
	1990	75.3	13.7	31.2	0.5	10.2	17.6	2.1	24.7	15	5	4.7	100
	1995	74.9	5.3	33.6	0.5	11.8	21.1	2.6	25.1	13.2	6.3	5.6	100
	2000	71.9	7	31.7	0.5	9.3	20.8	2.6	28.1	13.6	7.8	6.7	100

자료: *International Yearbook of Industrial Statistics 2002*(p. 45), UNIDO, 2002, Vienna: UNIDO.

주) 선진국, 개발도상국, NICs(신흥공업국) 분류는 <부록 2> 참조.

주) 신흥공업국(Newly Industrialized Country): Argentina, Brazil, Mexico, Yugoslavia, Hong Kong, Taiwan, Republic of Korea, Singapore. 2세대 신흥공업국(Second generation NICs): Morocco, Tunisia, Columbia, Turkey, India, Indonesia, Malaysia, Philippines, Thailand2세대 NICs 국가: Morocco, Tunisia, Columbia

주) 어패럴산업은 의류 및 가죽, 신발산업(clothing, leather, footwear)을 포함한다(부록 5 참조).

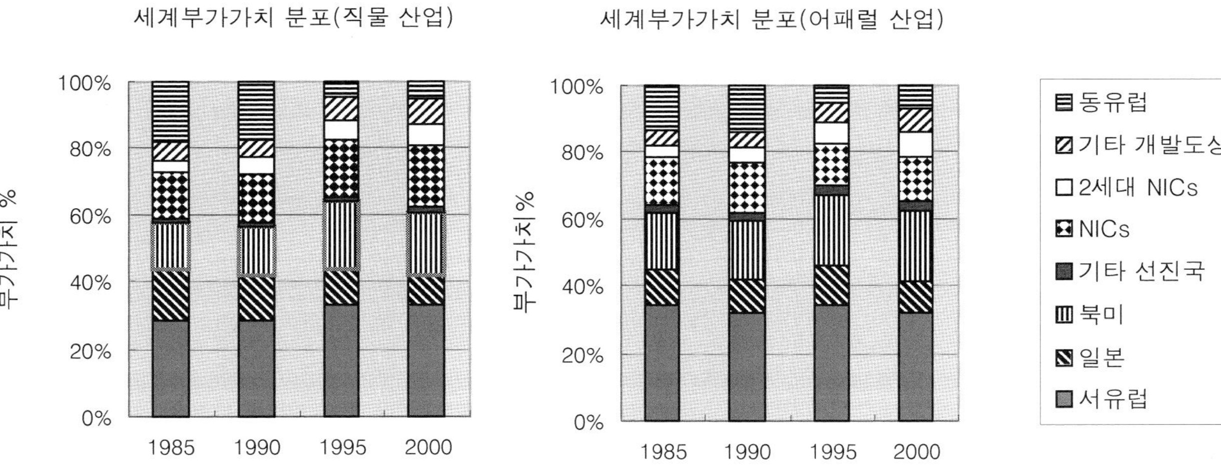

자료: [표 2-19]와 동일

[그림 2-14] 패션산업에서 전세계부가가치 분포의 변화

[표 2-19], [그림 2-15]는 1980년에서 1999년간 패션산업에서 전세계 수출 분포의 변화를 나타낸 것으로, 패션산업과 어패럴산업 모두에서 선진국은 전세계 수출시장 점유율이 지속적인 감소를 개발도상국은 지속적인 증가를 나타낸다. 지역별로 살펴보면, 패션산업에서 북미와 동구 유럽을 제외한 선진국에서는 전세계 수출시장 점유율이 지속적인 감소를 보이고 북미와 동구 유럽은 1980년대에 감소하다가 1990년대 이후 점진적으로 증가하였으며, 아시아 개발도상국은 27%에서 50%로 괄목할 만한 증가를 보였다. 어패럴산업에서도 패션산업과 유사한 양상을 보이는데 선진국에서 동구 유럽과 북미는 전세계수출시장 점유율이 1990년대 이후 증가하고 있으며 유럽과 일본은 지속적인 감소하고 있으며 기타 선진국은 증가하였고 개발도상국에서는 아메리카와 아시아가 두 배 이상 증가하고 있다.

이상의 결과에서 살펴보면 패션산업에서 동유럽과 일본을 제외한 선진국에서 수출이나 생산은 지속적으로 감소되고 있지만 전세계부가가치 점유율에서는 감소하지 않고 있으며 특히 서유럽은 생산과 수출에서 감소를 보이지만 부가가치 점유율에서 증가하고 있으며 미국은 특히 1990년대 이후 생산과 수출, 부가가치 점유율에서 모두 증가하고 있다. 개발도상국 특히 일본을 제외한 아시아는 수출의 증가만큼 부가가치 점유율이 증가하지 않았음을 나타낸다.

[표 2-18] 패션산업에서 지역별 생산지수의 변화(1990=100)

지역	1990	1991	1992	1993	1994	1995	1996	1997	1998
패션산업									
직물산업									
전세계	100	100.8	102.2	101.1	104.6	105.4	106.2	109.3	107.0
선진국	100	97.5	98.3	95.4	98.3	97.1	94.4	97.8	95.6
북미	100	98.8	107.1	112.7	118.8	119.1	117.9	122	122.2
유럽	100	91.6	83.7	75.2	68.8	65.6	61.7	63.3	61.4
EU	100	96.8	95.2	90.2	93.3	92.3	88.7	92.7	91.0
개발도상국	100	105.1	107.3	108.3	12.7	116.1	121.2	124	121.6
미주(중남미)	100	104	101.7	97.2	101	96.9	99.5	98.5	94.9
아시아*	100	105.7	110.2	113.5	119	125.7	133.3	137.8	135.5
오세아니아	100	93.3	90.2	91.4	90.1	86.4	86	85.8	83.8
어패럴산업									
전세계	100	97.9	95.5	93.6	94.1	93.1	91.1	89.3	85.6
선진국	100	97.3	94.7	91.8	92.5	91.4	88.5	86.2	81.9
북미	100	97.9	99.5	101.6	104.1	104.2	101.8	100.3	96.7
유럽	100	94.4	88.8	82.8	76.9	73.8	70.8	69	65.0
EU	100	96.4	92.2	88.2	89.4	89.2	86.2	84.1	80.6
개발도상국	100	99.4	97.6	98.2	98	97.3	97.5	96.7	94.7
미주(중남미)	100	96.9	95.5	97.7	100	94.2	96.6	96.3	96.3
아시아*	100	102	101	99.9	96.9	100.1	99.1	96.8	91.0
오세아니아	100	92.8	90.1	91.1	90.3	87	86.3	85.9	83.4

자료: *Statistical Yearbook Forty-fourth Issues*, UN, 2000, New York: UN.
주) 선진국과 개도국 분류는 <부록 2> 참조.
주) 아시아는 일본과 이스라엘을 제외한 아시아임.
주) 어패럴산업은 의류 및 가죽, 신발 산업(clothing, leather, footwear)을 포함한다.

[표 2-19] 패션산업에서 전세계수출 분포의 변화

연도	선진국						개발도상국				세계
	합계	동유럽	서유럽	일본	북미	기타	합계	미주	아시아	기타	
패션산업											
1980	61.2	5.7	43.9	5.5	8.1	2.7	33.1	3.4	26.8	2.2	100
1990	50.7	3.6	40.5	2.9	5.1	1.7	45.7	2.5	40.5	2.2	100
1995	42.9	3.6	32.6	2.5	6.0	1.3	53.5	3.1	48.9	2.1	100
1999	40.0	3.7	29.9	2.2	6.4	1.0	56.3	4.1	50.7	2.2	100
어패럴산업											
1980	50.1	7.4	44.3	1.2	3.6	1.9	42.5	1.5	37.9	3.1	100
1990	41.3	2.5	37.5	0.5	2.6	2.1	56.4	1.6	51.5	3.3	100
1995	34.7	4.3	29.2	0.3	4.5	2.6	61.0	3.3	54.2	3.5	100
1999	32.0	4.8	25.1	0.2	5.9	2.6	63.3	3.9	55.8	3.6	100

자료: *International Trade Statistics Yearbook, Vol. II : Trade by commodity* (UN, 2000, 1999, 1995, 1991, New York; UN)에서 어패럴제품의 자료를, UNTAD Handbook of Statistics(UN, 2001, Vienna: UN)에서 패션제품의 자료를 이용하여 각 지역의 세계수출점유율을 계산하였다.

주) 선진국과 개도국 분류는 <부록 2> 참조.

주) 어패럴제품 분류: 의류제품(SITC Rev.2 and Rev.3, 84 clothing)

주) 패션제품 분류: 직물 및 의류제품(SITC 26+65+84 Textile fibres, Textile yarn and fabrics and clothing)

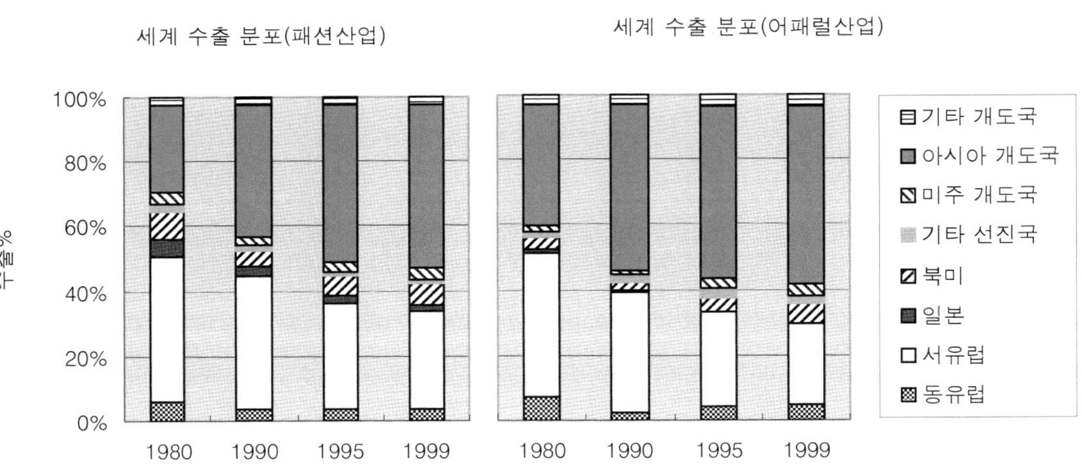

자료: [표 2-21]과 동일

[그림 2-15] 패션산업에서 전세계수출 분포의 변화

제3장

패션기업의 세계화 추세

　　본 장에서는 패션기업의 세계화 추세를 살펴보기 위해 우선 기업의 세계화에 대한 기존의 연구들을 살펴보고 문헌적 고찰을 통해 한국패션기업에서 나타난 세계화 추세를 연구하였다.

제1절 기업의 세계화에 대한 개념적 고찰

기업의 국제화(internationalization)는 동태적 과정을 함축하여 일 개의 기업이 국제화 되어가면서 국내기업에서 수출기업, 다국적 기업, 그리고 세계지향 기업 즉 세계 기업으로 변화해간다(조동성, 1997). 따라서 기업의 세계화란 기업의 국제화 과정의 종착지를 의미하며 이 책에서는 세계화가 패션기업에 미친 영향을 패션기업의 국제화 과정으로서 설명하고자 한다.

따라서 본 절에서는 패션기업의 세계화를 연구하기 위해 일반적인 기업의 세계화 개념, 기업의 세계화 요인 및 동기, 기업의 세계화 과정, 기업의 세계시장 진출 형태를 살펴보았다.

1. 기업의 세계화 개념

앞에서도 언급하였듯이 기업의 세계화란 기업의 국제화 과정에서 확장된 개념이므로 우선 기업의 세계화 개념을 논의하기 전에 기업의 국제화 개념을 살펴보아야 한다. 기업의 국제화라는 개념은 단순한 수출활동에서 시작해서 복잡하고 방대한 세계적 경영활동에 이르기까지 실로 다양한 내용을 담고 있으며 그 정도에 따라서 매우 다양하다. 기업의 국제화에 대해서 알기 위해서는 기업의 국제경영활동에 대한 언급이 있어야 하는데, 기업의 국제경영이란 '국경선을 넘어서는 또는 2개국 이상에서 동시에 일어나는 경영활동'을 의미한다(조동성, 1997).

기업의 국제화 진행에 대해 Johansson(1998)은 다음과 같이 언급하고 있다. "해외진출을 시작할 때 기업은 가장 먼저 '정신적인' 거리(psychic distance) 측면에서 가까운 국가들부터 시작하여 점차 점진적으로 먼 거리의 국가들로 확장하는 경향이 있다. 지리적 근접성, 문화적 근접성, 경제발전 수준은 국가들 간에 이러한 정신적 거리를 측정하는데 도움을 주며 또한 기업의 해외 확장 방향을 잘 설명해주기도 한다. 이러한 국제화 패러다임은 기업들이 어떻게 해외에서 점진적으로 확장하는가를 보여준다."(p.60)

기업의 국제화 개념은 과정을 함축하므로 동태적 개념으로 언급되는데, 즉 기업의 국제화란 기업들이 시장국·제품·진출형태의 측면에서 국제적인 몰입(level of international involvement)을 점차 증대시키는 과정(최철, 1991)으로 정의되는데, 여기서 개념이 기업의 세계화로 확장되면 시장국·제품·진출형태 측면에서 국제적 몰입의 증가는 지리적 범위, 사업범위, 기능범위가 세계의 여러 나라로 확대되어가는 그리고 세계시장에의 참여방식이 다양해져 가는 과정[27]을 의미하게 된다. 그러나 반드시 지리적, 사업범위, 기능범위, 세계시장에의 참여방식 등 모든 측면에서 아니더라도 기업이 국제시장에서의 몰입과 경험이 점차 증가하면서 세계 경영의 합리화(global rationalization)를 추구함으로써 기업의 세계화[28]가 이루어질 수도 있다. 여기서 세계적 합리화란 기업이 세계적 경영에서 잠재적 시너지 이점을

---

[27] 기업이 세계로 확대되어 가는 것에는 여러 가지 의미가 내포되는데 즉 기업활동의 지리적 범위(geographic scope)가 한 국가에서 세계 여러 나라로 확대되는 것, 세계에서 여러 사업을 동시에 수행할 수 있을 정도로 사업 범위(business scope)가 넓어지는 것, 기업의 경영기능이 가장 효율적인 국가에서 수행할 수 있도록 기능범위(functional scope)가 확장되는 것, 기업이 새로운 국가, 사업, 기능활동이 참여하는 방식이 수출, 해외직접투자, 국제제휴형태 등으로 다양해지는 것을 의미한다(배양해, 2000)

[28] Craig and Douglas(1996a)는 기업은 시간의 흐름에 따라 기업의 국제경영이 개발되고 발전되면서 국제시장에의 몰입과 경험의 정도가 증가하고 따라서 초기 진입, 현지 시장의 확장, 세계적 합리화의 단계를 거치면서 기업의 세계화가 이루어진다는 진화적 관점을 설명하였다.

극대화하기 위해 국가간 경계를 넘어선 경영의 합리화를 이룸으로써 세계적 시장에서 강한 선도적 위치를 확립하고자 함이다. 즉 세계적 효율성을 개선하고 기업내의 지식과 기술의 전이를 촉진하기 위해 국가간 경계를 넘어선 경영의 합리화를 이루는 것이다.

기업의 세계화에 대한 연구들은 대체로 기업활동의 국제화에 초점을 맞춘 연구와 기업경영관리의 국제화에 초점을 맞춘 연구로 나눌 수 있는데 전자는 대부분 국내생산 및 판매활동을 영위하던 국내기업이 점차 수출, 라이센싱, 해외직접투자 등으로 기업활동을 국제적으로 확대되어 가는 과정 분석에 초점을 맞추고 있으며 후자는 기업활동의 확대에 따라 한 기업의 조직, 경영관리, 경영전략 등이 국제화되어 가는 것에 초점을 맞추고 있다(문철한 외, 1997)

이 책에서는 기업의 세계화를 제2장에서 언급한 세계화 개념을 토대로 기업활동 영역의 확대, 기업활동의 공간의 확장으로 즉 기업활동 영역의 확대는 기업의 사업범위, 기능범위, 진출형태의 확장이라 할 수 있으며 기업활동 공간의 확대는 지리적 범위의 확장이라 정의하고자 한다.

2. 기업의 세계화 요인 및 동기

전세계 도처에서 다양한 힘들이 기업으로 하여금 세계화에 직면하도록 하고 있다. 이러한 환경에 직면하여 세계시장으로 진출하는 기업의 수는 점차 증가하고 있으며 많은 선진국의 기업뿐만 아니라 신흥산업국이나 개발도상국의 기업들도 이미 세계시장에서 활동하고 있다. 그러나 세계화에 직면하여 기업이 세계시장으로 진출하는 동기는 저마다 각기 다르다.

기업이 해외시장 또는 세계시장으로 진출하는 동기에 대해서 많은 학자들이 언급하고 있는데, Johansson(1997)은 기업의 세계화 동인(driver)으로 4가지 요인 즉 시장요인, 경쟁요인, 비용요인, 정부요인으로 설명하고 있다. 시장요인에는 동질적인 소비자 욕구, 세계적 고객, 범세계적 유통경로, 이전 가능한 마케팅, 선두시장(leading market)이 있으며, 경쟁요인에는 국내외에 존재하는 세계적 경쟁자들이 있으며, 비용요인에는 규모의 경제(economic of scale), 범위의 경제(economic of scope), 세계적 조달 이점(global sourcing advantage), 학습과 경험, 세계적 물류 및 로지스틱스, 국가마다 다른 비용과 기술, 제품개발비용이 있으며 정부요인에는 유리한 무역정책, 해외투자의 승인, 양립 가능한 기술 규격, 일반적인 마케팅 규정/규제 등이 있다.

Craig & Douglas(1996)는 세계화 동기를 세계화 단계에 따라 분류하고 있다. 초기 진입 단계에서는 자국시장의 포화, 해외시장으로의 고객 이동, 위험의 분산, 해외시장의 유리한 자원 조달, 해외 경쟁자들의 자극, 기술변화, 마케팅 하부구조와 통신기술의 발달 등의 이유로 해외시장에 진입을 시도하며, 현지 시장의 확장 단계에는 현지 시장 성장, 현지 경쟁의 직면, 시장을 선도하려는 현지 경영인의 태도와 동기 부여, 현지 자산을 효과적으로 사용하려는 의도 등이 현지 시장의 확장을 동기화 시키며 세계화 합리화 단계에서는 국가별 운영으로 인한 노력의 중복과 비용의 비효율성, 아이디어와 경험의 이전을 통한 학습 효과, 세계적 고객 출연, 세계적 경쟁의 발생, 세계적 마케팅 하부구조의 발전 등이 기업의 세계화를 자극한다.

Moore(1997)는 영국의 패션 소매업체의 국제화 동기를 밝히고 있는데 즉 상표전이, 틈새시장의 발굴, 인구통계학적 기회, 무역파트너의 이용가능성, 경쟁구조의 후진성, 기술적 능력, 국내시장에서의 성장 한계, 수요의 성숙, 국내 경쟁의 증가, 국내 경제 상황 등이다. 또한 '신생'패션소매업체들은 사업 전망에 대해 보다 낙관하며 해외시장의 사업 가능성 때문에 국제화를 추구하며 보다 '오래된'패션소매업체는 우선적으로 국내시장의 한계 때문에 국제화를 추구한다고 하였다. 정준연(1991)은 우리나라 의류업체의 해외진출동기(수출입은행 조사월보, 우리나라 섬유산업의 해외투자현황과 운영실태 분석, 1990.1.)가 쿼터규제 회피, 현지의 낮은 생산비 이용, 기업국제화전략, 관세혜택, 현지시장 확보, 원자재 공급원 확보, 노후생산설비 이전 순으로 나타났음을 밝히고 있다.

3. 기업의 세계화 과정

기업의 세계화에 대해 많은 연구들은 기업의 세계화(국제화)가 일련의 점진적 또는 발전적 과정이라는 진화적 관점을 내포하고 있다. 이 진화적 관점의 타당성에 대해 최철(1991)은 "이러한 진화적 관점에 이견이 있으나 일반적으로 기업이 국제화를 추구해 나갈 때 직면하게 되는 위험과 불확실성 그리고 기업내부 자원과 지식의 한계를 고려해 볼 때 기업국제화는 동태적 관점에서 발전단계를 갖는 과정으로 파악되어야 한다"(p.5)고 하였다.

세계화 과정이나 세부 단계는 학자에 따라 조금씩 차이가 있으며, 원종근(1999)은 학자들에 따라 서로 다른 세부적인 내용을 [표3-1]과 같이 요약하였으며, 기업의 국제화를 기업이 목표하는 대상시장에 따라 국내지향단계, 수출시장지향단계, 해외직접투자단계, 세계시장지향단계로 구분하였다.

최철(1991)은 기업국제화를 가치활동의 내부화와 가치활동의 이전이라는 측면에서 단계를 구분하였는데, 국내기업단계, 생산능력판매단계, 간접수출단계, 현지법인에 의한 직접수출단계, 현지생산에 의한 해외직접투자단계, 범세계적 생산 마케팅 네트워크 단계로 구분하였다. 국내기업단계는 생산, 마케팅 등 기업활동이 국내시장에 집중되고 개발도상국의 경우 정부정책에 의해 보호된 국내시장에서 기업의 성립기반이 형성되며, 생산능력판매단계는 제품의 개발, 설계능력과 해외마케팅 능력이 부족한 개도국 기업이 노동력 등의 요소 비교우위를 기반으로 국제분업구조에 참여하는 단계이며, 해외바이어에 의한 간접수출단계는 생산기술과 제품설계능력을 축적하여 수입업자가 요구하는 제품을 자체기술로 생산하여 수출하는 단계로 단위조립생산에서 부품생산 및 제품설계 등은 내부화하고 있으나 마케팅은 여전히 해외바이어에게 의존하고 있어 OEM방식의 수출이 중심이며, 현지판매법인에 의한 직접수출단계는 해외에 독자적인 마케팅 채널을 형성하고 현지시장을 대상으로 직접적인 마케팅 활동을 전개하며, 현지생산 활동을 통한 해외직접투자단계는 무역장벽과 같은 시장의 위협요소에 대응하거나 현지 특유의 입지우위를 활용하기 위해 생산부문의 가치활동이 해외로 이전하며, 범세계적 생산 마케팅 네트워크 단계는 기업은 각국의 입지 특유 우위요소를 활용하기 위해 세계에서 가장 저렴한 원가구조를 갖는 국가에 생산부문의 가치활동을 이전하고 여기서 생산한 제품을 전세계시장을 대상으로 판매하게 된다.

[표 3-1] 기업국제화의 단계구분 이상의 기업활동의 세계화 과정에 대한 여러 학자들의 내용을 간략히 보면, 기업의 활동이 국내시장에 한정되다가 간접수출, 직접수출, 해외직접투자에 의한 현지법인으로 시장기능의 점진적 내부화 과정이 진행

제3장 패션기업의 세계화 추세 131

되고, 범세계적 단계로 진행된다고 할 수 있다.

[표 3-1] 기업국제화의 단계구분 비교

학자 \ 단계	국내시장지향	수출시장지향		해외직접투자		세계시장지향
데이비슨		수출		해외직접투자		
콜데		제품 수출	현지판매, 저장시설확충	해외직접투자에 의한 현지생산		
조한슨과 발데		현지agent 통한 수출	현지판매 법인 수출	현지제조법인 설립	현지제조, 판매법인 설립	
딤자		수출입		해외라이센싱, 기술적노하우 해외이전	국내중심 해외생산	다국적 기업
로빈슨	국가 기업	국제기업			다국적 기업	초국적 기업

자료: *글로벌 시대의 국제경영*(p.50), 원종근, 1999, 서울: 박영사.

이외에 **Ohmae(1990)**은 세계적 기업이 되기 위해서 기업관리 형태의 변화를 단계적으로 설명하였는데, 수출 단계, 다수의 현지시장 (multi-local) 단계, 다수의 지역시장(multi-regional) 단계, 완전숙고(complete consideration) 단계, 세계적(global) 단계로 구분하고 있다. 수출단계는 국내 기업이 일정한 거리를 두고 수출을 행하는 단계로 모든 결정이 본국에서 결정되며, 다수의 현지시장 단계는 현지에 자회사를 설립하고 현지 지점에서 현지의 판매와 마케팅 기능에 대한 책임을 갖고 있으며, 다수의 지역시장 단계는 회사가 주요 해외시장에서 자주적으로 생산, 마케팅, 판매를 개시하며 주요 해외 시장을 위해 생산거점의 위치가 재결정 되므로 의사결정 능력을 가지고 있는 인력의 개발이 요구된다. 완전숙고 단계는 주요 **HQ**(본점) 활동들이 다른 나라들에 전이된다. 회사가 주요 해외시장에서 현지 기업이 되기 위해 현지에서 연구개발, 기술설계, 재무 등을 포함하는 전면적인 사업체계를 갖추게 되며 본사는 해외의 모든 사업에 인원과 자금 등의 측면 지원을 하게 되며, 세계적 단계에서는 많은 기능들이 중앙으로 재 집중되며 기업의 목표와 정체감에 대한 일반적인 견해를 확립하는 것이 필요하며 각국별 사업활동의 테두리에서 벗어나 지구상에 산재하는 회사 경영간부가 공유할 수 있는 가치체계를 창조하고 세계적 네트워크를 형성해야 한다.

그리고 **Craig and Douglas(1996)**은 기업 세계화를 진화적 관점에서 기업의 국제시장에의 몰입과 정도에 따라서 초기 진입, 현지시장 확장, 세계적 합리화의 3단계로 설명하면서 이러한 단계에 따라 기업의 적절한 대응이 다르다고 하였다. 초기진입 단계는 기업이 상품 및 서비스에 가장 매력적인 기회들을 제공할 국가들을 평가 선택하고 경쟁적 시장진입전략을 고안하며, 그리고 세계적 경쟁자들과 효율적으로 경쟁하기 위해, 국제시장에서 우위를 제공하기 위해, 경쟁자화 차별화하기 위해 자국 시장 내에 있는 자본과 자원을 어떻게 끌어올릴 것인가를 결정해야 한다. 지역 시장 확장 단계는 일단 국제시장에서의 거점이 성공적으로 확립되면 기업의 성장과 확장을 위해 새로운 기회를 추구하는데 범위의 경제를 달성하기 위해 진입 초기에 개발된 지식과 경험, 개별 국가에서 형성된 조직을 기반으로 지역시장에서 확실한 확장을 구축하게 된다. 즉 상품라인의 확장, 새로운 변화의 첨가, 새로운 상품의 개발, 그리고 지역시장에 보다 효율적으로 경쟁하기 위한 마케팅 전술의 채택 등이 필수적이며 성공의 열쇠는 지역시장에 따른 반응력 즉 시장요구가 국가마다, 지역마다 다르므로 규모의 경제가 잠재적으로 제한되고 지역시장 반응력이 중요하다. 세계적 합리화 단계로 지역시장에서의 기업 역할이 확대되면 국가와 시장 간에 조정과 통제를 위한 메커니즘이 필요하게 되며 시간이 흐름에 따라 기업의 국제적 경영이 개발되고 발전되면 세계적 효율성을 개선하기 위해, 기업 내의 지식과 기술의 전이를 촉진하기 위해 국가간 경계를 넘어선 경영의 합리화에 대한 압력이 생기게 된다. 세계시장에서 기업의 경쟁적 위치를 끌어올리기 위한 그리고 세계시장의 운영으로 잠재적 시너지의 이점이 생기는 전략이 개발되어야 하며 세계시장에서 경쟁력과 효율성을 증가시키기 위해 전세계 경영의 통합이 이루어진다.

4. 기업의 세계시장 진출 방식

　기업은 세계화 개념에서는 기업의 세계시장과의 관련 방식이 또한 중요한데 기업의 해외시장에 진출방식(entry mode)은 매우 다양하다. 이 해외진출방식은 매우 중요한데 진출방식의 경솔한 선택은 기회비용을 증가시키며 국제시장에서 부차적인 노력들을 방해한다. 진출의 선택은 가능한 자원의 수준을 표출하는 것이며 해외시장의 진출 성과와 잠재적 생존력에 큰 영향을 준다(Bradley & Gannon, 2000).

　해외시장 진출 방식을 결정하는 요인들에 대한 연구는 매우 방대한데 크게 세 가지로 구분된다. 첫째, 경제적 접근 방법으로 해외진출전략의 대안들(수출방식, 해외투자방식, 계약방식 등)을 비용과 편익으로 비교함으로써 장기적으로 수익을 극대화하는 전략 대안을 선택한다는 것이다. 이에는 내부화이론, 거래비용이론, 제품수명주기이론, 절충이론이 여기에 속하며 이 이론들은 Dunning(1980)의 국제생산에 관한 절충이론에 의해 통합되었다. 이 이론에 의하면 국제경영이나 해외진출방식의 결정은 그 기업의 소유특유의 요소, 내부화 우위 요소, 입지특유의 요소에 의해 결정된다. 둘째, 발전단계적 접근방법으로 기업의 국제화 모델을 제시하면서 기업의 해외시장진출을 점진적 과정으로 설명한 것이다. 기업의 내부자원, 경험, 그리고 해외시장에 대한 지식이 축적됨에 따라 해외시장에 대한 진출 또는 자원투입의 정도를 점차 증가시켜 나가는 진출 방식을 선정한다는 것이다. 즉 기업의 해외진출 방식은 통제와 위험의 정도가 심화됨에 따라 간접수출/라이센싱, 합작투자, 단독투자로 진행된다는 것이다. 셋째는 경영전략적 접근방법으로 의사결정의 실용적 특성을 강조하며 전략목표의 다원성을 전제로 한다. 해외시장 진출방식을 결정함에 있어 비용-편익의 단일 목표뿐만 아니라 비이익적 목표를 포함한 다원적 목표를 추구하므로 이들 목표간에 갈등이 존재하고, 따라서 기업은 '합리적 분석적' 접근 방법을 채택하기란 매우 어렵고 실용적인 '만족할만한' 수준에서 의사 결정 하게 된다. 해외시장 진출방식을 결정하는 요소에는 현지국의 시장요인, 현지국 시장의 환경요인, 현지국의 생산요인, 본국과 관련된 요인, 기업제품요인, 기업자원 및 개입정도 요건 등에 따라서 기업의 진출 형태가 결정된다(배양해, 2000; 최철, 1991).

조동성(1997)은 기업의 해외시장 진출방식으로 수출, 계약 그리고 단독투자로 구분하였다. 수출에는 간접수출, 공동수출, 직접수출이 있고 계약에는 라이센싱, 프렌차이징, 해외계약생산, 합작투자로 분류되며 단독투자는 인수와 신설의 방법으로 구분하였다. Johansson(1999)은 수출, 라이센싱, 전략적 제휴, 해외직접투자(FDI)로 분류하였다. 수출은 간접수출과 직접수출로, 라이센싱은 프렌차이징, 턴키계약(Turnkey Project), 주문자상표

부착(OEM)로, 전략적 제휴에는 유통(distribution)제휴, 생산제휴, 연구개발(R & D)제휴, 합작투자로, 해외직접투자는 생산자회사와 판매자회사로 분류하였다.

이 책에서는 해외진출방식을 수출입에 의한 진출, 계약에 의한 진출, 해외직접투자 그리고 패션산업의 특성상 매우 많은 비중을 차지하고 있는 해외생산을 분류하였다.

수출은 간접수출과 직접수출로 구분될 수 있는데 간접수출이란 종합무역상사나 수출대행업자를 통한 것으로 해외시장 개척 노력의 불필요, 현지 생산시설의 비용과 위험의 회피, 세계적 판매규모에서 비롯된 규모의 경제 실현 등 이점이 있으나 국제화 경험이 축적되지 못하고 해외시장 정보의 획득이 어렵다는 단점도 있다. 직접수출은 수출전담부서나 판매법인을 통해 수출 제반업무의 기능을 직접 수행하므로 해외시장 개척, 현지 시장에의 적응, 국제화 경험의 축적, 해외시장에 대한 많은 지식을 획득하게 되며 해외지사나 판매법인을 통해 상표와 같은 무형자산을 보호할 수 있으며 해외시장의 수요변화와 시장변화와 같은 정보를 지속적으로 얻을 수 있으며 주요 고객들과 직접적인 접촉을 통해 해외시장 기반을 구축하고 경험을 축적할 수 있다(장세진, 1996).

계약에 의한 해외진출은 기업의 무형자산인 기술, 상표, 물질특허권, 저작권과 같은 지적소유권, 기술적 노하우, 경영관리 및 마케팅과 같은 경영노하우 등 경영자산을 하나의 상품으로 취급하여 현지기업과 일정한 계약에 의해 국제경영활동을 수행하는 방식이다. 상품이 아닌 기술이나 지식의 이전수단이라는 점에서 수출방식과는 다르며 자본투자가 요구되지 않는다는 점에서 투자방식과 구별된다. 계약에 의한 해외진출은 라이센싱, 프랜차이징, 경영관리계약, 국제하청계약, 턴키 계약, 기술지원계약 등이 있다(Johansson, 1999).

해외직접투자(foreign direct investment)는 일반적으로 해외간접투자(international indirect investment)와의 비교에 의한 상대적 개념으로 정의된다. 즉 해외직접투자나 해외간접투자는 국제간의 자본 이동이라는 측면에서는 동일하나 후자는 투자하는 기업이 경영에 직접 참여함이 없이 주식투자의 경우에는 배당수익, 채권투자의 경우에는 이자수익을 바라고 투자하는 반면, 전자는 기업이 직접 경영에 참가함을 목적으로 한다는 점이 제일 큰 차이점이라 할 수 있다. 해외직접투자는 수출의 상대개념으로 정의되기도 한다. 즉 수출이 자국 내의 생산요소들을 자국 내에서 결합하여 제품의 상태로 국경선을 넘어 해외로 이전시키는 것인 반면 해외직접투자는 자국 내의 생산요소인 자본, 생산기술, 경영기술 등을 해외로 이전하여 그 나라의 생산요소인 노동, 토지 등과 결합하여 생산 및 판매를 한다는 점에서 구별된다(조동성, 1997). 해외투자는 모든 부품을 본국으로부터 수입하여 현지에서 단순히 조립 및 가공만 하는 형태로부터 완전히 현지국의 생산요소를 사용하여 제품을 생산하는 형태까지 이른다. 또한 현지자회사는 단독소유 자회사와 외부기업과의 공동투자에 의한 합작회사의 형태로 구분된다(장세진, 1996).

해외생산은 해외시장에 수출하는 대신 해외시장에서 직접 생산함으로써 생산품의 해외시장 공급을 담당하는 것으로, 운송비 절약과 함께 해외시장에서 해당시장 외에 제3국 시장을 위해 관세, 수출쿼터, 현지생산 공급자와 마찰을 피할 수 있다. 이에는 부품을 국내에서 생산하고 부품의 조립이 해외시장에서 이루어지는 조립생산(패션산업의 경우 위탁생산(봉제)이 이에 해당), 특정 계약조건에서 다른 제조업자가 대신 생산하는 즉 계약은 단지 제조관계에만 있고 시장은 생산계약을 발주한 발주기업이 담당하는 계약생산(패션산업의 경우 주문생산, 계약생산이 이에 해당), 현지시장국 파트너에게 특허권, 상표권, 기타 노하우 등 무형적 재하를 근거로 하여 사용권을 주고 로열티나 라이센싱 대금을 받는 라이센싱, 해외직접투자에 의한 현지생산법인 즉 쌍방의 투자로 이루어지는 합작회사, 지분의 단독소유나 완전한 통제를 의미하는 단독소유회사가 있다(박기안, 2002).

제2절 패션기업과 세계화

기업의 세계화는 기업들이 시장국, 제품, 진출형태의 측면에서 국제적인 몰입(level of international involvement)을 점차 증대시키는 과정으로 기업 활동 영역과 공간의 확장 과정이라 할 수 있다. 이를 일반적인 사업관점에서 보면 전세계의 다양한 곳에서 상품을 획득하거나 생산하는 조달처(sources) 또는 상품을 판매하는 시장으로 보는 것과 관련되며 전세계적으로 조직체를 조직하거나 기반을 구축하는 것을 의미한다(Kuntz, 1998; Johns, 1998).

세계적 산업환경으로 인한 패션기업의 세계화 추세에서 가장 중요한 것은 기업 활동/조직의 세계화로 볼 수 있다. 즉 단순한 인접국으로의 수출이나 생산 활동의 해외 이전에서 시작된 패션기업의 세계화는 패션기업의 세계적 조달, 세계적 상품 공급전략, 세계적 소매업체, 세계적 조직으로의 재구조화 등을 발생시켰다. 이 책에서는 패션기업의 세계적 조달과 세계적 상품 공급전략에 초점을 맞춰 살펴보았다.

1. 생산과 조달의 세계화

패션산업에서 일반적으로 조달(sourcing)[29]은 시간 내 배달, 특정 수준의 서비스와 질로 원부자재, 생산, 완성품을 제공할 수 있는 비용효율적인 공급자를 결정하는 것이었다(Kuntz, 1998). 그리고 의류 제조업체나 소매업체의 조달은 지리적 위치에 따라 국내 조달과 해외조달로 구분되었다. 세계적 조달(Global sourcing)은 해외조달의 확장 개념으로, 원부자재 및 생산과 완성품의 잠재적 조달처를 전세계 모든 지역으로 확장하는 것이었다.

그러나 경제환경이 세계화되고 개방화됨에 따라 국가간의 경제적 경계가 모호해지고 경쟁이 치열해지면서 의류제조업체들이 제품 또는 생산지향적 방식에서 탈피하여 마케팅 지향적이며 소비자 지향적인 전략으로의 전환을 시도하면서, 기업이 자원을 제품 생산에 맞추기보다는 다양한 소비자 욕구를 만족시킬 수 있는 제품의 공급과 판매에 치중하게 되었다. 이에 따라 제품 조달 전략을 과거의 생산형태의 결정에 제한하지 않고 기업의 효율성 재고를 위해 원단 생산부터 의류제품의 기획, 생산 그리고 판매에 이르기까지 모든 요소들을 조달하기 시작하였다(김용주, 1999). 즉 세계화 압력은 패션기업들로 하여금 단순한 인접 지역의 해외생산에서 세계적 조달(Global Sourcing)로 그 규모와 범위를 확장케 하였다.

따라서 이 책에서는 세계적 조달을 원부자재, 생산, 완제품

---

[29] 조달(sourcing)과 유사한 용어로 아웃소싱(outsourcing), 하청, 외주 등이 그리고 세계적 조달(global sourcing)과 유사한 용어로 해외소싱(offshore sourcing), 해외생산(offshore production) 등이 다양한 문헌에서 혼용되어 사용되고 있으나 이 책에서는 패션산업 내에서의 관행을 위주도 재정의를 시도하였다.

의 조달에서 연구개발, 판매 등 기업활동의 전영역으로 범위를 확장한, 그리고 지리적으로 해외조달에서 전세계로 확대된 개념으로 정의하고자 한다.

1) 세계적 조달의 발생 원인

패션산업이나 기업에서 생산과 조달의 세계화 원인[30] 즉 세계적 조달의 원인은 많은 학자들에 의해서 논의되어왔다. 이러한 생산과 조달의 세계화 원인 즉 이점은 다음과 같다.

첫째, 최근 빠른 속도로 변화하고 다양해진 소비자 욕구를 만족시키기 위한 폭 넓은 상품구색과 범주의 추구가 패션산업에서 세계적 조달을 가져왔다. 이는 국제여행과 커뮤니케이션 미디어의 발달로 다양한 문화와 라이프스타일에 노출되고 드레스 코드의 완화로 인해 소비자들이 개인적이고 세계적이 되고 있는 상황에서 나타나고 있는 것으로, 기업들은 이에 부응하기 위해 소비자들에게 이전에 갖지 못했던 폭 넓은 선택의 범주를 제공하고자 하고 있다. 세계적 조달은 통해 수평적으로 그리고 수직적으로 상품구색을 확장하게 할 수 있는 가치 있는 수단이 되고 있다(Walwyn, 1997).

둘째, 패션산업의 노동집약적 특성으로 인해 오래 전부터 추구하였던 저생산비용 추구도 세계적 조달을 가져온 근본적인 원인이다. 이는 선진국의 의류기업들이 자체 생산의 비중이 줄이고 더 좋은 조건의 공급원을 찾기 위해 범세계적인 시각(global perspective)을 갖게 만든다. 저생산비용의 추구에는 다양

---

[30] 패션기업의 세계적 조달의 원인은 앞에서 언급하였던 기업의 세계화 동기와 유사하지만 패션산업만의 특징에서 연유한 세계적 조달의 이점과 기회에 초점을 맞추고자 하였다.

한 방법들이 가능한데 우선 원료공급이 원활한 곳이나 저노동
비용을 포함한 저생산비용 국가에서 조달하는 방법이 있고(윤
윤수, 2001) 그리고 기업이 자원투자의 위험을 감소하고 유연성
을 증대시키기 위해 상품기획력에서 전문화된 조달회사와 생
산에서 전문화된 다양한 지역의 협력업체(하청업체)들과의 연
결체제 방법이 있다(김용주, 1999). 현재 저임금생산을 바탕으
로 패션산업의 기반을 확립하였던 기업이나 국가의 기업들은
중국이나 동남아, 아프리카, 카리브 해 연안국 등지로 저임금
의 풍부한 노동력을 위해 해외 조달을 활발히 진행하고 있다.

셋째는, 의류 및 직물에 대한 무역규제와 협정들, 무역블록을
우회하기 위한 수단으로서 세계적 조달 특히 지속적인 해외생산
이동이 발생하였다. 자국 산업을 보호하기 위한 지금까지 의류·
직물 무역규제는 1955년 VERs(Voluntary Exporting Restraints),
1976년 GSP(General Scheme of Preference), 1974년 다자간 섬유협
정(M-FA: Multi-Fiber Arrangement) 등이 있다. M-FA는 50 여 개
회원국가간에 양국의 동의에 근거한 의류·직물의 쿼터제도
(Quota system)인데 저임금의 개발도상국가들로부터의 과도한
수입을 규제하여 선진국의 의류와 직물 산업을 보호하고자 디자
인되었다. 자국의 산업을 보호하기 위한 수단으로 무역규제 외
에 무역블록이 있는데, 즉 북미자유무역협정(NAFTA), 유럽공동
체(EU), 아시아/환태평양, 세 개의 무역블록이 있다(Kuntz, 1998).
이러한 무역 장벽들은 기업들로 하여금 무역규제를 피하는 우회
적인 수단으로서 세계적 조달을 이용하게 하고 있다. Au &
Yeung(1999)는 홍콩의 패션업체들이 각 시기마다 서로 다르게
등장하였던 선진국의 무역법규나 협약, 무역블록 등의 무역규제
를 우회하기 위해 40여년 동안 생산거점을 이주하여 전세계의
서로 다른 위치에 자회사들 설립하였음을 나타내고 있다.

2) 세계적 생산(Global production)

패션산업에서 세계적 조달과 해외생산이 혼용되는 경우가 많은데 엄밀하게 세계적 조달과 세계적 생산 및 해외생산은 구분되어야 한다. 위에서 언급한 것처럼 세계적 조달은 해외조달의 확장 개념으로, 원부자재에서 판매에 이르는 기업의 전활동의 잠재적 조달처를 전세계 모든 지역으로 확장하는 것으로 해외생산과는 차이가 있다. 해외생산은 생산 기능의 해외 이전으로, 최근 마케팅 목표에 따라 사업의 전기능을 전세계에서 조달하는 세계적 조달의 일부 활동이라 할 수 있다. 그리고 세계적 생산은 해외생산에서 지역적 위치가 전세계로 확장된 것을 의미한다.

세계적 생산은 패션산업이 생산 활동의 해외 이전을 시작한 이래 현재도 미국과 유럽의 선진 의류기업을 비롯한 아시아 신흥 지역의 의류 기업들은 꾸준히 생산 활동을 범세계적으로 이동시키고 있다(Kwan, 1996; Walwyn, 1997; Hetzel, 1998; Taplin, 1999; Fan & Yeung, 1999; Hines, 1998).

세계적 생산의 동기는 패션산업이나 기업에 따라 다를 것이다. 대체로 선진패션기업의 세계적 생산 동기는 대체로 중저가 대량 상품을 위한 저생산비용이 우선이다. 그러나 홍콩이나 한국과 같은 신흥산업국의 동기는 매우 다양할 수 있다. Kwan(1996)은 홍콩 의류업체의 의류의 해외생산을 증가시키고 있는 동기로서 다음과 같은 것을 언급하고 있다: 저생산비용과 저임금, 쿼터 조달, 해외확장과 저렴한 양륙비용(land cost), 목표 시장에의 접근 가능성, 원부자재 조달의 용이성 등.

패션제품의 세계적 생산은 협력생산(sub-contracting), 합작투자 생산(joint venture), 단독소유공장(wholly owning factory)의 세 가지 유형으로 분류할 수 있다. 협력생산은 계약된 수수료로 현지에 있는 기존의 공장과의 계약적 생산을 말하며, 합작투자 생산은 현지 생산업자와 외국 파트너가 함께 소유하고 경영하는 공장에서의 생산을 말하며, 단독소유공장의 생산은 현지 자회사에 의해 소유 경영되는 공장에서의 생산을 말한다(Kwan, 1996). 이 세 유형은 해외직접투자 측면에서 자본 투자의 정도와 허용되는 통제의 수준의 정도에서 각기 다르다. 완전소유공장의 생산은 통제 수준이 가장 높지만 가장 많은 자원의 투입이 요구되는 해외단독투자이다. 즉 직접 공장설비와 노동력에 자본을 투자하여 생산하므로 어느 정도 이상의 생산량 이상이어야 생산비용이 절감되는 단점이 있지만 모든 공정을 직접 계획하고 관리할 수 있는 장점이 있다. 하위협력생산은 가장 자본의 투자도 적고 통제의 수준도 가장 낮다. 협력업체를 통한 생산은 기계, 설비에 직접 투자할 필요 없이 필요할 때, 필요한 만큼 주문 또는 구입하므로 조달비용이 높으나 고정비용의 손실 없이 소비자 수요에 따라 구매량 또는 생산량을 조절할 수 있으므로 유연성이 증가된다(김용주, 1999).

세계적 생산 유형은 조달과정의 내용에 따라 완전조달(Full Package Sourcing)과 임가공조달(Cut, Make, Trim Sourcing)로 구분된다. 완전조달은 조달회사의 주문에 따라 협력생산자가 의복제작에서 조달회사로의 발송까지의 모든 과정을 책임지는 것이다. 임가공조달은 조달회사가 상품개발의 책임이 있으며 협력생산자는 봉제가 우선적 임무인 경우이다(Kuntz, 1998).

Kwan(1996)은 해외생산의 이유가 단순히 비용감소의 경우 대체로 다음과 같은 요소에 의해 해외생산지가 결정된다고 하였다; 안전한 투자 환경, 저렴한 노동비용, 지리적 근접성, 문화적 배경의 공유, 쿼터의 이용가능성, 인프라구조, 정부의 인센티브, 경영 능력의 이용가능성. Au & Yeung(1999)도 1950년대 이후 현재까지의 4단계에 걸친 홍콩의 해외생산거점의 이동을 설명하면서 해외생산거점의 위치를 결정할 때 고려 사항이었던 요소들을 [표 3-2]와 같이 언급하였다.

3) 세계적 조달의 새로운 경향

여러 장점으로 세계적 조달은 확대 성장하였지만 최근 여러 문제점들이 지적되고 있다. 즉 시장과의 거리가 멀고 특히 저개발국가인 경우 교통, 통신 등 인프라구조의 미비로 긴 납기 기간이 문제가 되며 더욱이 저품질과 불량품의 반환의 어려움이 문제가 되고 있다. 그리고 사회적 이질감과 의사소통의 어려움으로 생산기획과 관리 비용이 더 소요될 수 있음을 지적하면서 생산비용 이외의 비생산비용 즉 거래비용이 커질 가능성이 있다(김용주, 1999). 이외에도 세계적 조달은 공급라인을 길게 할 수 있으며 재고수준을 증가시키고, 환율 위험과 같은 다양한 위험이 내재되어 있다(윤윤수, 2001).

그러나 세계적 조달이 점차 확대되면서 내재된 위험을 감소시키고자 다양한 노력이 진행되었다. 즉 품질의 향상을 위한 노력, JIT(Just in time), 운송기술, 로지스틱스와 같은 공급시스템에 새로운 기술의 도입, 다양한 국가에 산재되어 있는 공장들과의 네트워크 구축 등이 진행되고 있다(윤윤수, 2001). 그리고 공급구조에서 소싱과 판매 목적을 위해 선택된 위치의 파트너와의 전략적 제휴, 디자인에서 판매까지의 전과정을 각 단계별로 개별적으로 전문화하지 말고, 전과정을 연결하는 '가상의 실재(virtual entity)를 창출하려 하고 있다(Walwyn, 1997).

[표 3-2] 홍콩 패션기업의 해외투자를 위한 현지국의 특성

현지국가 (Host country)	쿼타·적은 의류직물 수출 규제	자유로운 해외시장 잠재성	국내시장 잠재성	저임금과 양륙 비용	풍부한 저노동비용의 공급	문화적·민족적 유사성	홍콩에의 근접성	정부투자 정책·예) 수출 지구	투자 인센티브	환율 통제	인푸라 구조와 관련된 서비스	투자협력 형태에 대한 규제	원부자재 및 끝손질	고려사항
Maceu	○	○		○	○	○					○			EC 시장에의 접근 가능성.
Taiwan	○			○			○	○	○		○	○	○	1960 년대 초기에 적은 규제. 민족적, 언어적 유사성.
Singapore	○			○					○		○		○	사회복지 특혜, 자본의 자유로운 유입,인프라 구조
Mauritius		○		○			○							EC/EU 시장에의 접근 가능성.
Thailand	○			○	○			○		○	○			MFA1 보다 규제가 적음. 저노동비용과 수출 규제 적음.
Malaysia	○			○			○	○	○					MFAII 보다 규제가 적음.
Indonesia	○			○	○		○	○		○	○		○	의류직물수출 규제 적음. 저노동비용과 직물산업 기반.
Sri Lanka	○			○			○		○					쿼타 가능성과 저생산비용
China	○		○	○	○	○	○	○		○	○	○	○	잠재적 대규모 시장 가능성, 쿼타 가능, 저생산비용.

현지국가 (Host country)	쿼타·적은 의류직물 수출 규제	자유로운 해외시장 잠재성	국내시장 잠재성	저임금과 양륙 비용	풍부한 저노동비용의 공급	문화적·민족적 유사성	홍콩에의 근접성	정부투자 정책·예) 수출 지구	투자 인센티브	환율 통제	인프라 구조와 관련된 서비스	투자협력 형태에 대한 규제	원부자재 및 끝손질·	고려사항
Philippines	○			○	○	○	○	○			○			미국 쿼타 가능.
Developed Country			○						○				○	현지시장의 잠재성.
Caribbean Country	○			○	○									대미 무역 특혜.
Vietnam	○			○	○	○		○						EU시장에서 의류수출 규제 거의 없음. 저임금과 근접성.
Other Sites	○	○		○										미국과 유럽 시장의 자유로운 접근이 목적.

자료: "Production Shift the Hong Kong Clothing Industry," K. Au and K. Yeung, 1999, *Journal of Fashion Marketing and Management*, 3(2), p.176

2. 세계적 패션상품 공급전략

패션산업에서 세계화에 대한 반응으로 등장한 주요한 변화 중 또 하나는 세계적 패션상품 공급전략이다. 이에 대해 **Dickerson** **(1999)**은 세계화 진행으로 전세계적으로 패션산업국의 수가 급격히 증가하였고 선진패션생산국들도 기술혁신을 통해 다양한 제품을 제공하였기 때문에 세계적 상품 공급이 가능해졌다고 하였다(**p.151**). 세계적 패션상품 공급전략을 다음과 같이 상품구색, 시간, 품질, 의류 공급사슬과 네트워크 측면에서 살펴보고자 한다.

1) 가격과 상품구색

패션산업의 국제화 과정은 대체로 일차적으로 가격에 대한 반응으로 등장하였고 이는 사업의 전기능과 범주에 영향을 주었다(**Popp et al, 2000a**). 여기에 변화의 속도가 가속화되면서 소비자들은 시간과 금전을 소비하고자 하는 선택의 범주 및 수를 지속적으로 증가시키고 있다. 이렇게 다양해진 소비자들의 욕구를 만족시키기 위해 폭 넓고 세계적적인 상품구색과 범주가 매우 중요해졌다. 따라서 기업이 성공을 위해서는 소비자들의 요구를 끊임없이 만족시키는 그리고 변화에 효율적으로 반응할 수 있는 상품 공급전략이 필수적이다. 세계적 상품 공급전략은 상품구색을 수평적으로 그리고 수직적으로 확장 시키는 수단이 될 수 있다. 더욱이 전략적이고 균형 잡힌 상품 공급전략은 소비자 요구를 만족시키는 가격과 상품구색의 폭 넓은 범주를 성취하도록 하는데 매우 중요하다(**Walwyn, 1997**).

Kuntz(1998)도 제품라인개발을 위한 세계적 패션상품 공급전략에서 상품 유형에 따라 조달국가를 결정해야 한다고 하였다.

여기서 상품 유형은 니트/직물, 중량, 가격, 조립방법, 베이직/패션제품, 직물(원부자재) 유형을 말하며 특히 베이직/패션상품의 여부는 스타일, 물량, 납기를 결정하므로 국가의 선택이 중요하다고 하였다. Walwyn(1997)은 상품 공급전략은 가치 수요(value demands)에 반응해야 하며 따라서 [표 3-3]에서 보여지는 것처럼 상품과 서비스에 따라 조달조건과 조달위치가 결정되어야 한다고 하였다.

2) 시 간

공급사슬(Supply chain)은 원부자재 공급업자에서 제조 과정, 소비자에 이르는 과정에서 재화의 흐름을 나타내는 것으로 과거에는 경비절감을 목적으로 하였으나 최근에는 마케팅, 소비자 측면에서 접근하여 패션공급사슬의 관리에서 경쟁 적 우위를 위해 단순히 경비만이 아니라 차별화를 추구하고 있으며 전략적이 되고 있다(Hines & Bruce, 2001).

Popp et al(2000a)는 패션상품 공급사슬의 형태를 다음의 [표 3-4]와 같이 상품유형, 최종시장전략, 원부자재의 흐름을 기준으로 세 가지로 분류하고 있다: 두 개의 국가로 구성된 공급사슬, 세 개의 국가로 구성된 공급사슬, 다국가로 구성된 공급사슬.

패션산업에서 세계화 경향은 [표 3-4]와 같이 세계적 공급사슬을 가져왔으며 이는 공급사슬 구조를 다소 길고 복잡하게 하였으며 따라서 리드타임을 보다 길고 복잡하게 하였다(Popp et al, 2000a; 윤윤수, 2001). 더욱이 빠른 사회 변화 속도, 그리고 이에 따라 빨라진 소비자들의 변화로 패션 상품의 사이클이 보다 빨라지면서 시간은 패션상품 공급에서 매우 중요하게 되었다.

[표 3-3] 상품유형과 서비스에 따른 조달 조건

상품 유형	서비스 수준	조달 조건	위 치
대량적, 낮은 패션성	지속적인 공급	낮은 노동비용 원부자재 이용가능성 대량 물량	개발도상국 즉 아시아, 인도, 아프리카
계절적, 낮은 패션성 색채/스타일의 정규적인 변화	적시 배달 색채/스타일 요구에 대한 반응	낮은 노동비용 기술적 능력 원부자재 이용가능성 물량의 유연성 커뮤니케이션/로지스틱스 연계	유럽지역, 아시아 조달국
계절적, 중간/하이 패션성	적시 배달 시즌 내 판매 패턴에 대한 반응	기술적 능력 커뮤니케이션/로지스틱스 연계 물량 유연성 단기(short run) 능력 원부자재 이용가능성 낮은 노동비용	유럽 지역 국내
하이 패션성	적시 배달 트렌드에 대한 즉 각적인 반응	단기 능력 즉 리드타임 커뮤니케이션/로지스틱스 연계 원부자재 이용가능성	국내

자료: "A vision of sourcing for a global market," S. S. Walwyn, 1997, *Journal of Fashion Marketing and Management*, 1(3), p.255.

[표 3-4] 상품유형과 시장전략에 따른 공급사슬 유형

공급사슬유형	상품의 유형	최종 시장 전략	원부자재 흐름
두 개 국가	기본적인 필수품	가격 차별점	저임금 국가에서 조달국으로의 단순한 흐름
세 개 국가	대량(volume) 시장 제품	가격 외 차별점이 있음	직물의 외부조달을 포함하는 복잡한 흐름
다수 국가	고기술의 하이패션 제품	품질, 패션성, 짧은 리드타임 등의 차별점	장기적이고 협력적인 관계를 바탕으로 한 매우 복잡한 흐름

자료: "Quality in international clothing supply chains: A preliminary study", A. Popp, J. E. Ruckman and H. D. Rowe, 2000, *Journal of Fashion Marketing and Management*, 4(2), p.144-161.

패션산업계는 이를 위해 많은 노력을 해온 결과, 정보 및 유통기술을 이용하여 리드타임을 줄이는데 성공하였다. 시간에 근거한 영향 즉 납기(lead time), 조기반응(QR), 적시 배달 등에 대한 관심의 초점은 1980년대 중반 이후 선진패션산업의 국제화로부터 발생하기 시작하여 전세계의 패션산업의 방향이 되었다.

특히 1980년대 중반 미국 내 의류제조업자들이 해외생산품에 대해 그들의 지역적 우위를 최소한 활용하고 경쟁력을 증대하기 위한 일련의 노력으로 신속한 대응(Quick Respose)이라는 개념을 도입시켰다. 신속한 대응이란 공급채널[31] 전체가 변화하는 소비자의 욕구에 신속히 대응할 수 있게 하기 위해 소매과정과 제조과정을 연계시키는 전략이다. 이 전략은 정보기술과 제조 및 영업관습의 결합을 이용한 것이다. 특히 소매업자나 제조업자의 신속 대응 시스템의 속도와 융통성은 세계적인 공급사슬을 조정하기 위해서는 절대적으로 필수적이다(브래들리 외, 1993). 이처럼 세계화로 인해 매우 패션공급사슬 구조가 복잡해짐으로써 의류상품 공급 전략에서 시간 요소가 경쟁우위를 위한 주요 요소가 되었다.

3) 품 질

패션제조산업에서 패션상품 공급사슬이 국제화되어가면서 나타나는 현상 중 하나는 저렴한 노동비용을 추구하는 노동의

---

[31] 여기서 채널이란 원자재 구입에서부터 제품이 최종소비자에게 전달되기까지의 모든 활동을 포함하는 일련의 과정으로 섬유공급업체, 원사제조업체, 직물제조업체, 의류제조업체, 유통업체, 그리고 교통수단, 정보, 배달수단을 제공하는 모든 회사들이 포함된다(브래들리 외, 1993).

국제화로 인해 야기되는 품질통제 문제이다(김용주, 1999; 윤윤수, 2001; 김상진, 1998). 즉 패션산업은 계속적으로 지리적 범주를 확장하고 있으며 기업은 지속적으로 비용경쟁을 심화시키고 있으며 소비자들은 가격 대비 품질을 인식하여 보다 까다로워지는 상황에서 패션상품 공급전략은 매우 중요하다. **Popp et al(2000a)**은 최근 이러한 상황에서 공급체인전략의 중심이 품질관리에 초점을 맞춰지고 있다고 하였다. 즉 가치의식적이면서 똑똑해지고 있는 세계적 소비자들은 기업의 유연성과 반응성을 실험하고 기업은 고객을 유혹하고 유지하려면 이미지의 하락, 판매 기회 상실, 반송 등을 최소화하기 위해 공급체인에서 상품품질을 확실하게 해야 한다고 하였다.

그러나 사회 문화적 이질성, 지리적 거리, 의사소통의 어려움 등은 패션기업으로 하여금 멀리서 품질 통제하는 것을 어렵게 만든다. **Popp, et al(2000b)**은 기업들이 이러한 문제점을 극복하기 위해 꾸준하게 기업 내의 또는 기업간의 제도적 구조에서 변화를 추구하고 있으며 또한 지속적으로 품질 통제를 위한 정보 비용을 발생시킨다고 하였다.

4) 세계적 의류공급사슬과 네트워크화

세계경제가 점차 역동적이 되고 무역장벽이 감소되고 전세계 소비자의 취향과 흥미가 동질화 되고 있으므로 세계화 전략은 기업의 성공을 위해 매우 중요해지고 있다. 경쟁적 기업들은 전세계 요구를 만족시키기 위해 세계적 공급사슬에서 최고 가치를 부가 시킨 상품과 서비스를 창출하려 하고 있다(Wong, 2000). 특히 선진패션기업들은 세계적 패션상품 공급사슬을 통해 비용을 낮추고 수익을 높이며, 핵심적 부가가치 활동에 보다 집중할 수 있게 되었다(Daniels et al, 2002).

그러나 패션상품 공급사슬의 세계화는 위에서 언급하였듯이 많은 문제를 야기하였다. 즉 다양한 소비자 욕구를 충족시킬 다양한 상품구색의 폭과 넓이를 가져왔지만 시간과 품질의 문제를 야기하였다. 이러한 문제의 해결을 위해 등장한 대안 중 하나가 패션공급사슬의 네트워크 형태이다.

네트워크는 '상품과 서비스의 흐름을 조정하기 위한 높은 신뢰의 제도적 배치'로 정의하였고(신뢰는 일반적으로 사회 내에서, 특히 네트워크 환경 내에서 가장 쉽게, 효과적으로 생긴다고 하였다(Popp et al,2000b, p.352). 공급사슬의 네트워크는 전세계에 위치한 공급업자, 조립업자, 유통업자, 고객들 간에 형성된 조직으로, 이 네트워크를 통해 원부자재, 구성요소, 정보, 재정의 흐름을 관리할 수 있으며. 이의 관리를 통해 세계적 공급사슬의 핵심역량에 집중할 수 있다(Daniels et al, 2002). 또한 공급사슬의 네트워크는 정보비용을 감소시키고 품질과 신뢰성을 증진시키고 따라서 계약관계에서 계약 이전과 이후에 기관들 간의 평가와 모니터링의 필요성을 감소시키며 또한 패션산업과 같이 상품의 품질이 매우 중요하고 활동들의 지리적 분산이 일어나고 있는 산업에서는 네트워크 배치가 특히 중요하다(Popp et al, 2000b).

사실 전통적으로 의류제조업은 하위협력업체의 생산네트워크에 의존해 왔으며(브래들리 외, 1995; Notan & Condotta, 1997) 이러한 전통은 내재적으로 노동비용이 저렴한 회사/지역으로 생산이 이동되는 메커니즘을 나타내는데, 이러한 하위협력업체의 논리적 확장이 세계화로 나타난 것이다. 따라서 패션산업에서 세계적 공급 네트워크 체제는 보다 용이하게 이루어질 수 있다. 이를 효율적이고 효과적으로 달성하였던 예는 미국과 이탈리아 패션산업의 예에서 찾아 볼 수 있다. 리미티드의 공급자회사인 **MAST** 인더스트리즈는 전세계에 퍼져 있는 생산사무소를 가지고 있으며 그 사무소들의 세계 곳곳의 공급자들의 네트워크 조정 업무를 담당하고 있다. 이와 다르게 베네통은 공급자들을 모두 이탈리아 내에서 찾으면서 제품은 전세계 공급 네트워크를 통해 모든 국가에서 판매하고 있다(브래들리 외, 1995).

패션산업에서 세계화는 국제화 과정이 진행된 이래 생산기능의 재위치와 같은 단순한 과정에서 세계적 조달과 상품 공급채널 전략에서의 변화를 가져왔으며 상품 공급체인의 네트워크화를 가져왔다. 이는 패션산업에서 조직의 재구조화가 점진적으로 진행되었음을 의미한다. 이러한 재구조화는 아마도 패션산업의 특성 즉 조직적으로, 공간적으로 쉽게 경영이 분리되는 특성으로 보다 용이하게 공급사슬 구조의 끊임없는 포기 또는 재형태화 그리고 동시에 새로운 형태의 출현을 가져오는 것 같다.

이상으로부터 기업의 세계화 즉 기업활동 영역과 공간의 세계적 확장이 패션산업의 특성 특히 빠른 패션주기, 노동집약적-지식·정보집약적, 대량적 표준제품-고부가가치의 패션제품 등의 특성으로 패션기업에서 나타난 세계화 추세는 다음과 같다. 패션기업의 생산지 이동이 전세계로 확장되고 있으며, 세계적 조달 영역이 기업의 전활동으로 확장되고 있으며, 패션상품 공급전략이 세계적 상품 공급전략으로 확장되고 있으며, 패션상품 공급전략에서 시간, 품질 요소가 중요지고 있으며, 패션상품 공급체인에서 네트워크화를 지향하고 있다. 이 책에서는 문헌에서 밝힌 패션기업의 세계화 추세를 연구명제로 하여 다음 제3절에서 실증하고자 하였다(그림 3-1 참조).

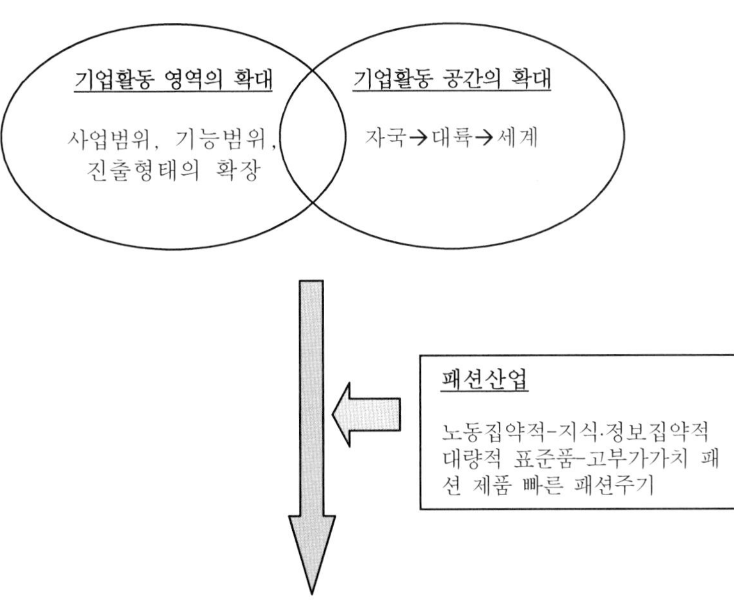

[그림 3-1] 패션기업의 세계화 추세

제3절 패션산업 및 기업의 세계적 경쟁력

앞 장에서 살펴본 바와 같이 세계화는 특정 국가들의 패션산업과 기업에 많은 영향을 미쳤을 뿐만 아니라 전세계의 패션제품 경쟁 구도에도 영향을 미쳤다. 따라서 세계화 환경에서 이전에 성공적이었던 특정 국가의 패션산업이나 패션기업의 경쟁력이 지속될 수 있을 지에 대해서는 확신할 수가 없다. 즉 세계화는 패션산업환경을 과거와는 다르게 변화시켰으므로 세계화 환경에 적합한 패션산업이나 기업의 경쟁력은 다를 수 있다. 다음에서는 세계화 환경에서 패션산업의 경쟁력을 위해 패션산업이나 패션기업이 갖추어야 될 필수 요소에 대해서 알아보았다.

1. 패션산업의 경쟁력에 관한 연구들

경쟁력 특히 국제경쟁력에 관한 이론에는 가격우위론, 비교우위론, 다요인 경쟁우위론, 구조적 경쟁우위론(Porter의 국제경쟁 우위론, OECD 제시한 경쟁우위론) 등이 있다. 가격우위론의 가장 일반적인 견해는 상대적 단위 노동비용에서의 높은 증가가 수출을 감소시키고 수입을 증대시킴으로써 경제성장을 지체시킨다는 것이나 이는 현실과 상당한 괴리가 있는 것으로 판명되는 등 문제점이 대두되었고, 이어서 다요인 경쟁우위론이 등장함으로써 국제경쟁력에 관한 연구는 체계 및 구조성에 대한 관심이 증대되었다. 따라서 구조적 경쟁력이라는 개념이 등장하였다. 즉 국제적 경쟁력의 원천은 단순히 한 가지 혹은 몇 가지 요인들의 경쟁우위에 있는 것이 아니라 각 요인들의 경합양태에 있다는 것이다(이재윤, 1998).

구조적 경쟁우위론 중 Porter의 국제경쟁력 이론은 전통적 이론들이 비교우위론에 기초함으로써 발생하는 문제점 즉 전통적 이론들이 기업, 산업, 국가 차원을 총체적으로 고려하는 체계적 관점을 견지하지 못했다는 점을 보완하여 다음과 같은 관점을 피력한다. 국가들은 고립된 산업에서 성공하는 것이 아니라 수직적, 수평적 관계를 통해 연결된 산업군집에서 성공한다. 한 국가경제는 산업군집들의 혼합을 포함하고 있다는 것이며, 그것의 구성과 경쟁우위(혹은 열위)의 원천은 그 경제의 발전상태를 반영한다. Porter는 이와 같은 내용을 바탕으로 어떤 산업이 국제경쟁력을 확보하는데 영향을 미치는 국가적 요인으로 '다이아몬드 모델'을 제시한다. '다이아몬드 모델'은 요소 조건, 수요 조건, 관련 및 지원산업, 기업의 전략 구조 및 경쟁양상의 네 가지 직접영향변수와 정부, 기회의 추가적인 간접영향변수로 구성된다. 또한 이 다이아몬드를 '하나의 진화하는 체계'로 인식하고 각각의 결정 요인들을 하나의 체계로 통합시키는 것은 국내 경쟁과 산업의 지리적 집중임을 강조한다(김병순 외, 1995).

이 Porter 경쟁력 이론의 패션산업에 대한 적용 연구는 다수가 있다. 특히 한국패션산업에 대한 산업경쟁력 여부의 결정에서 이 Porter 이론을 적용하고 있다.

정준연(1991)은 Porter의 국제경쟁력에 의한 분석에서 한국패션산업의 국제경쟁력이 많이 하락하였다고 하였으며 그 이유에는 과거와 같이 근로자들의 희생정신을 강요하는 요인에 더 이상 기대할 수 없게 되었다는 점과 올림픽과 같은 순수기회가 많이 작용했다는 것이다[32].

---

[32] 정준연(1991)이 Porter의 국제경쟁력 이론에 의한 한국패션산업의

이은주와 권정란(2001)은 Porter 경쟁우위론을 적용하여 한국 의류 및 섬유산업의 부가가치 분석을 통해 한국 의류 및 섬유산업의 경쟁력에 대해 긍정적인 견해를 나타내고 있으며, 단지 산업발전과정에서 투자의존 단계에서 혁신단계에 완전히 이르지 못한 것으로 판단하고 있으며 따라서 특화, 고도화되어 가는 기술 및 국내외 시장 환경에 효과적으로 적응하여 고부가치를 창출하고 경쟁우위를 향상시킬 수 있도록 다음과 같은 노력이 요구된다고 하였다; 수출시장의 다각화 및 생산 기능 해외 이전; 국내 수요 충족; 마케팅, 유통전략 및 네트워크 능력 개발.

위의 연구들은 한 국가 산업의 국제경쟁력에 대해 기업, 산업, 국가 차원을 총체적으로 고려하는 체계적 관점에서 결정론적인 결론에 접근한 논문들이다. 이 책에서는 세계화 환경에서 패션산업 및 기업 내에서 국제경쟁력을 갖기 위한 노력의 일환으로, 한국패션산업의 세계적 경쟁력을 위해 필수적인 요소를 파악하려는 연구이다. 따라서 이 책에서는 세계화 환경이 세계의 패션산업에 미친 영향을 파악하고 패션산업 내에서 세계적 경쟁력의 필수요소에 대한 통찰을 이끌어 냄으로써 한국패션산업의 앞으로의 방향과 세계적 경쟁력을 위한 제언을 하고자 한다.

분석을 자세히 살펴보면, 요소조건에서 인건비 수준, 노동시간, 근로의욕, 기업운영을 위한 자금대출 및 금융관계 정도가 매우 악화되었고. 수요 측면에서는 소비자 욕구 고도화에 따른 상품개발, 의류시장의 증가, 기업노력에 의한 수요창출로 경쟁력을 유지할 수 있으며, 관련산업 측면에서는 관련산업의 발달이 어느 정도 이루어지고 있으나 품질과 가격을 놓고 볼 때 후발개도국이나 선진국에 대해 특별한 우위를 가지고 있지 않은 중간상태에 놓여 있으므로 국제 경쟁력 제고에 별다른 영향은 없다고 하였다.

이를 위해 우선 위의 이론에서 밝힌 한국패션산업의 경쟁력을 위한 제언들에서, 그리고 최근의 많은 국내외 패션산업의 경쟁력에 관한 논문들에서 제시한 경쟁력의 필수 요소들을 추출하고자 한다.

2. 패션산업 및 기업의 경쟁력 요소

여러 문헌과 연구들에서 각국이나 지역의 패션산업, 또는 개별기업의 경쟁력으로 제시되었던 요소 또는 세계적 경쟁에의 대응방안으로 제시되었던 요소는 다음과 같다.

1) 가격 경쟁력

1980년대 중반 개발도상국의 저비용 제품이 미국을 비롯한 선진국의 시장을 잠식한 이후, 선진국에서 전문가와 경제학자들 사이에서 일치했던 패션제품 무역의 관한 생각은 노동시장의 조정 또는 노동력의 하청에 대한 필요성이다. 이러한 생각은 패션산업이 노동 집약 산업이라는 관점에서 개발도상국의 풍부한 노동력으로 인한 경쟁적 이점을 성취할 수 있다는 데서 비롯되었다. 널리 알려진 이 관점의 가정은 패션산업에서 노동비용의 중요성이 매우 크다는 것이다. 인간의 솜씨를 모사할 정도로 충분하게 솜씨 좋은 기술이 부재하기 때문에 노동비용은 항상 최종비용에서 높은 퍼센트를 차지한다. 가격 의식적 시장에서 경쟁하는 생산업자들은 노동경비를 낮추려고 노력해왔고 이 노동경비 경쟁은 저임금국가에서 노동집약적 과정을 조달하거나 또는 선진국 내의 불법 이민자들의 값싼 노동을 착취하도록 만들었다(Godley, 1997). 이러한 가격경쟁력은 저비용패션산업에서 개발도상국이나 후발개도국으로 생산거점의 이동이나 공급체인의 왜곡을 가져왔으며, 긴 리드타임이나 배달의 지체 등의 많은 부작용에도 불구하고 많은 산업에서 나타나는 경쟁적 필수요소로서 그 중요성이 지속적으로 유지되고 있다. 특히 세계화 산업환경으로 세계적 경쟁이 격심해지고 세계적 패션기업들이 세계적 규모의 경제로 비용을 최소화하면서 저비용 경쟁력은 그 중요성이 더욱 증가되고 있으며 이는 저노동비용의 가격 압력을 더욱 증가시키고 있다

2) 고부가가치 경쟁력

저비용국가로부터의 가격경쟁력은 유럽 등 선진국의 패션산업에서 어패럴 생산업자들로 하여금 기술 주도적 생산성을 향상시키거나 해외로 생산을 이주시키거나 또는 고 마진의 틈새시장을 목표로 하도록 압박하였다(Godley, 1997). 최근 기술혁신을 통해 미국 및 유럽의 주요 패션선진국들은 고가·고품질 제품, 다품종 소량 생산, 높은 상표자산으로 세계 고가의류시장을 차지하고 있다(지혜경 2002).

한국과 같은 신흥산업국들도 후발개도국에 저비용시장을 내주었으므로 다양한 방향 모색이 이루어졌는데 그 중 하나는 고부가가치 시장으로의 전환이었다. 그러나 Leung & Wong(1999)은 홍콩의 제조부문에서 고부가가치 생산품으로의 전환에 대한 연구에서 이러한 전환이 매우 어려움을 다음과 같이 시사하고 있다.

'일본, 홍콩, 타이완, 한국 같은 많은 나라에서 고부가가치 생산품의 생산이 의류와 직물산업의 경쟁력을 증가시킬 것이라는 동일한 견해를 공유하고 있다. 1960년대에 의류제조산업이 발전하였고 1980년대에 MFA에 의한 수출의 양적 규제, 생산비용의 증가를 경험하게 되었고 따라서 패션산업에서는 실행 가능한 전략으로 고부가가치 의복의 생산에 의한 고가시장

(up-market)으로의 이동을 고려하게 되었다. 고가의, 고부가가치 생산전략으로의 이동은 고객, 상품, 제조방법 등의 급격한 변화를 의미하며 이는 중소 규모의 신흥공업국의 의류제조회사들이 채택하기 쉬운 전략이 아니다. 대안적 선택으로 생산효율성의 개선이 가능하나 이것도 小량 주문, 多스타일/색상, 짧은 배달리드타임(delivery lead times), 지침서의 빈번한 수정으로 이윤이 차감된다. 그리고 미국, 캐나다, 유럽의 바이어들이 요구하는 품질과 서비스 수준과 현지 의류제조업자들의 가격수준이 맞지 않으므로 경쟁력을 위해 제조업자들이 이윤마진의 감소를 감수해야 한다.'(p.155)

이처럼 가격 경쟁력이나 고부가치 경쟁력은 동시에 획득하기 매우 어려운 것이나, 여전히 앞으로도 매우 중요할 것이다. 즉 무역장벽이 지속적으로 감소된다면 낮은 부가가치 상품 또는 시간에 덜 민감한 상품들은 세계의 저임금 또는 저생산비용의 지역으로 이동할 것이나(Taplin, 1999), 패션의식적인 세계적 소비자가 전세계적으로 6억이라는 것을 감안할 때 고부가가치 상품 시장도 그 중요성이 매우 크다(Notan and Condotta, 1997)고 할 수 있다.

3) 관련산업의 지역적 집중

Godley(1997)는 장기적 안목에서의 패션산업에서의 경쟁력 관점에서 영국의 패션산업의 과거를 재조명하면서, 최근 새로운 컴퓨터-통제 기술이 미국과 영국 같은 나라들에서 대량 의류생산업자들이 품질을 높여 보다 고부가가치의 틈새시장을 틈새 시장을 목표로 하는 것을 가능케 하리라는 믿음에 대해 회의를 보이면서 새로운 이론에 접근하고 있다. 공급업자나 소매업자의 협력뿐만 아니라 경쟁자들과의 협력도 필요로 하는 폭 넓은 생산체계 개발의 중요성이 그것인데, 이 생산체계는 기업에 상당한 이점을 제공한다. 이러한 생산체계를 위해서는 공간적 근접성이 최우선적으로 필수적임을 저자는 영국패션산업의 발전에 대한 역사적 통찰을 통해 밝히고 있다.

특히 패션감각적 여성 의류 시장을 목표로 할 때 입지(location)가 매우 중요함을 나타내는데 여성의류는 예측이 매우 어렵고 판매시기가 매우 중요하므로 공간적으로 근접한 지역에 입지하고 있는 산업지구가 매우 중요하다. 이러한 산업지구는 북부 이탈리아(Notan and Condotta, 1997)와 로스엔젤레스 패션산업지구 예(Godley 1997)에서 찾아볼 수 있다. 즉 상호 의존적이면서 집합적으로 경쟁력 있는 많은 작은 기업들로 구성된 이탈리아 내 지역 산업은 패션의 예측 불능한 특성에 반응할 수 있게 하는 유연성을 갖추고 있으며 따라서 패션 감각적 수요와 관련된 고 마진 틈새 시장을 성공적으로 목표화 할 수 있게 한다. 특히 이탈리아 내의 지역 산업이 경제적으로 성공으로 이끄는데 중심이 되었던, 그리고 로스엔젤레스 패션산업에 대한 최근 연구들에서 강조하였던 것은 이런 산업 현상인데 이 산업 조직은 패션의 예측 불능한 특성에 반응하는데 필요한 유연성에 의존하였으며 그래서 패션 감각적 수요와 관련된 고 마진 틈새시장을 성공적으로 목표화 할 수 있게 하였다.

4) 조직의 네트워크화 강화

많은 연구들(Hines, 1998; 이은주·권정란, 2001; Notan and Condotta, 1997)에서 패션산업의 경쟁력을 위한 제언에서 조직의 네트워크가 경쟁우위에서 중요하다고 하였다. Hines(1998)은 유럽의 패션산업 경쟁력에 대한 제언에서 1998년 중·동부 유럽의 무역자유화(CEECs), 2005년 MFA의 철폐에 따른 자유화,

WTO의 패션산업 협정(ATC) 등으로 개발도상국이 EU로 수출
하는데 무역장벽이 감소하므로, EU의류직물의 보호 메커니즘은
산업정책을 개발하는 방법 이외에는 없음을 지적하면서 산업정책
중 산업 내의 네트워크를 강조하였다. Notan and Condotta(1997)는
어패럴산업의 탈 통합화에 의한 전략적 네트워크 시스템은 전
통적으로 기업이 통합으로 얻는 이점[33]을 실현할 수 있다고 하
였다. 즉 공급자에 대한 통제는 전략적 공급 네트워크 구성원
간의 파트너쉽 계약으로 가능하며 성장의 측면에서도 성장을
고용인의 수가 아니라 매출액으로 보면 전략적 네트워크 시스
템은 실제 매출의 증가를 가져올 수 있으며, 실제 공급체인 내
에서 상품에 보다 가치를 부가하고 각 활동들을 통해 이윤을
증가시키고 있으며, 기술의 보완에 대해 네트워크 기업들은 네
트워크의 도움으로 기술과 정보를 즐겁게 공유한다고 하였다.

특히 지리적으로 활동이 분산되어 있는 패션산업에서는 네
트워크 시스템의 배치가 매우 중요하다. 네트워크 체제는 공급
네트워크 구성원간에 신뢰를 가장 효율적으로 발생시키며 정
보 비용을 감소시킬 수 있으며 품질을 증진시킬 수 있다. 따라
서 불확실성과 위험의 정도가 상대적으로 큰 지리적으로 분산
패션산업에서는 품질과 관련해서 네트워크 속성이 매우 중요

---

[33] 세계의 다른 지역에서는 기업들이 실제로 통합되어가고 있을 때 이
탈리아 산업은 탈 통합화를 추진하였는데 이는 전략적 네트워크체
인으로 전통적으로 기업이 통합의 목적을 이미 달성하고 새로운
유연성을 추구하고 있다. 고전적인 경제이론에서 통합의 목적은 공
급자의 질과 양을 확실하게 하기 위해, 공급자의 통제를 유지하기
위해, 성장에 대한 욕구, 상품에 보다 가치를 부가하고 궁극적으로
단위 이윤을 증가하기 위해, 기술에 대한 보안을 유지하기 위해서
인데 이는 네트워크 체제로 이미 달성하였다. (Notan & Condotta ,
1997)

하다. 특히 협력생산 계약(contracting) 이전에는 상품 품질을 알 수 없을 때, 상품 품질이 잠재적으로 경쟁력이 있어야 하며 상품의 판매력에서 중요할 때 더욱 중요하다. 신뢰는 다음과 같은 이유로 정보 비용을 낮춘다: 신용의 보증으로, 협력생산 계약 이전의 탐색 과정의 단순화로, 그리고 협력생산 계약 이후에도 지속적인 관계를 위한 노력으로(Popp et al, 2000).

5) 기술의 혁신

최근 많은 패션산업 관련 연구(Moon et al, 1999; Hines 1998)에서 경쟁력 필수요소로써 의류직물 생산 및 판매 전반에 걸쳐 기술혁신을 언급하고 있다. 즉 디자인 능력의 향상을 위한 기술혁신, 생산성 향상을 위한 생산기술 혁신, 정보와 커뮤니케이션 관리를 위한 혁신, 신속대응(QR) 기술 등이 요구된다.

디자인 능력을 위한 기술혁신에는 스타일링 기술을 강화하는데 실질적인 도움을 주었던 디자인, 패턴 그레이딩과 마킹 등을 위한 CAD 등이 있다. 특히 패턴그레이딩과 마킹을 위한 CAD는 디자인 시간과 재료의 소비를 감소시키며 스타일에서 새로운 패턴의 빠른 도입과 오래된 패턴의 수정과 재교정을 가능하게 하였다(Scarso, 1996).

생산성 향상을 위한 기술혁신에 대해서 Silva et al(2000)는 소매 고객을 유지하고자 하는 의류직물 제조업자들은 비용 선도력을 위한 공장자동화가 필수적이라 하였고. Bruscas et al(1998)은 영국 의류제조업에서 세계적 경쟁에 직면하여 패션산업 분야에서 나타나고 있는 변화의 힘 중 하나가 기술과 관련된 힘이라고 언급하면서 컴퓨터화, 기술 수준 자동화와 전문화 시스템을 통한 노동력과 기술의 대체 등이 요구된다고 하였다. 이에 대해 Scarso(1996)는 이탈리아 패션산업의 경쟁력을 위한 기술적 이슈에서 보다 자세히 설명하고 있는데, 고품질, 효율성, 유연성을 유지하기 위해 그리고 시장의 빠른 반응을 얻기 위해 Automatic Cutting의 사용이 도입되고 있으며, 세계적 생산 체인이 고려되는 상황에서 가장 노동 집약된 부문은 지리적 분산이 고려되어지지만 재단 기계(cutting machine), 또는 컴퓨터화된 편직기계(computerized knitting machine)와 같은 혁신적인 새로운 설비들이 노동력을 대치하는 부문에서는 분산이 고려되지 않고 있으며 대신 봉제나 다림질과 같은 부문에서는 조립활동의 해외 분산이 유리하다고 하였다[34].

정보와 커뮤니케이션 관리를 위한 혁신은 최근 세계화 경향과 함께 세계적 경쟁력을 위해 필수요소로 빈번히 등장한다. 특히 생산에서 유통 판매에 이르기까지 세계화됨에 따라 분산된 활동들의 통제를 위해 정보 흐름과 커뮤니케이션의 중요성이 매우 커졌다. 패션산업에서 역시 다소 긴 공급채널을 조정하기 위한 연결기술로서 정보와 통신 기술을 이용하여 리드타임을 줄이는데 노력해왔다(브래들리 외, 1993). Scarso(1996)는 정보와 커뮤니케이션 기술의 혁신은 중요성이 매우 커졌음에도 불구하고 여전히 높은 투자와 정보 흐름 조정의 어려움으로 중소 규모 패션기업이 쉽게 적용하기 어렵다고 하였으며, 그러나 이탈리아 패션산업에서 Telematics와 EDI 체제가 새로운 사업 기회를 제공할 수 있으며 이러한 예로 베네통[35]의 유

---

[34] 재단기계나 컴퓨터화된 편직기계와 같은 혁신적인 설비들은 자본 집약적이고 복잡한 학습과정을 함축하므로 해외 분산 고려되지 않으며 봉제나 다림질 같은 부문의 혁신(incremental innovation)은 보다 적은 자본을 요구하고 일정한 품질이 유지할 수 있으므로 해외 분산이 고려된다(Scarso, 1996)

[35] 베네통은 실제로 전세계의 유통체인의 관리를 위하여 전자 네트워

통 체인의 혁신적인 관리기술을 들고 있다.

신속대응(QR)은 1980년대 중반 미국 내 패션산업의 경쟁력을 회복하기 위한 노력의 일환으로 등장시킨 개념으로, 공급채널 전체가 변화하는 소비자의 요구에 신속히 대응할 수 있게 하기 위해 소매과정과 제조과정을 연계시키는 전략이다. 이 전략은 정보기술과 제조 및 영업관습을 결합하여 이용하는 것이다. 이 전략은 해외 경쟁자들보다 더 적절한 제품을, 보다 높은 서비스로, 더욱 단축된 리드타임으로 제품을 공급하는 이점을 가진다. 빠르게 대응하여 재고수준을 낮추고 재고회전율을 높임으로써 강제적인 가격인하를 방지할 수 있게 고안된 것이다(브래들리 외, 1993).

최근 시장의 경향은 소비자에 대한 빠른(ready), 효율적인 반응 능력을 매우 중요하게 만들고 있다. 더욱이 패션산업은 매우 복잡한 체계 즉 여러 중간 단계를 갖는 긴 생산과정을 가지며 또한 이 과정이 세계화되어 있으므로 체계적이고 세계적적으로 조정하는 것이 문제로 등장하였다. 신속대응의 실행은 전체 제조과정과 소매과정의 조직을 정보와 재화의 흐름을 가속화시킬 수 있도록 효율적으로 변화시키므로 이러한 문제들을 어느 정도 해결할 수 있다.

그러나 Scarso(1996)는 이러한 방법은 미국이나 영국의 어패럴산업 즉 가격에 기반을 두고 넓게 경쟁하는 산업에서는 성공을 거두고 있지만 하이 패션과 매우 큰 유연성으로 성공을 거두고 있는 이탈리아 기업에서 직접적인 적용에는 의문을 갖는다고 하였다. 더욱이 미국 경우는 대부분 매우 큰 소매업자에 의해 통제되는 미국 내 시장을 위해 전세계 생산공급업자

크를 개발하여 국제 매출의 증가를 가져왔다(Scarso, 1996).

네트워크를 조정하는 것이고, 이탈리아의 경우 이탈리아 내의 공급업자들을 가지며 전세계의 하이패션 시장의 판매망을 조정하는 것으로 두 나라 간의 차이가 있으므로 따라서 이탈리아 만의 신속대응 방법을 개발하여야 할 것이다라고 하였다.

6) 전략적 재포지셔닝

최근 각 패션산업과 기업들은 세계적 경쟁이 심화되면서 경쟁우위를 점하기 위해서 다양한 전략적 재포지셔닝을 추구하고 있다.

Scarso(1996)는 이탈리아 어패럴 사업의 전략적 재포지셔닝에 대한 연구에서 'made in Italy'의 신뢰 상실, 어패럴 사업의 급격한 세계화, 강력한 소매업 출현과 같은 새로운 상황에서 저임금 경쟁자와 전통적 경쟁자 사이에서 스타일 개발(stylistic skill)의 필요하며 따라서 이탈리아 어패럴 사업의 나아가야 할 방향을 시장, 조직, 기술의 측면에서 다음과 같이 제시하고 있다. 첫째, 상품 측면에서 세계적 취향과 지역 취향이 결합되어야만 하는 국제적 상황에 있으므로 새로운 상품 범주에 대한 경쟁은 필연적이다. 촉진정책과 유통정책의 노력과 변화로 시장을 재발견하여 특별한 상품구색과 가격을 제공해야 한다 따라서. 수익률이 높은 라인에 자원과 기술을 집중시키기 위해 라인의 수를 감소, 상품의 범주를 재구성해야 한다. 둘째, 조직의 측면에서 기존의 강점을 세계적으로 개발하기 위해 제조활동들에 초점을 집중화해야 한다. 그 외에 기업의 중요한 전략에 필요하지 않거나 특별한 능력이 아닌 모든 활동들은 아웃소싱함으로써 민첩성을 추구해야 한다. 즉 기존의 생산네트워크에 협력적 관계를 갖는 유통네트워크를 개발하여 국제적 공급체인을 창출, 조정해야 한다. 또한 빠른 반응과 유연성을 확고히 할 수 있는 'lean 구조'를 유지하기 위해 협력적 관계들의 두터운 네트워크(web) 창출하여야 한다. 파트너십과 전략적 제휴의 개발, 인수를 통한 국제적 입지를 강화하여 외적 성장전략을 시도하여야 한다. 이러한 국제적 조직 구조의 확립은 현지 자원의 이용, 개별 지역과 문화에서 차별적 역량을 복제하는 능력 등을 확립케 하여 경쟁력을 키울 수 있게 한다. 셋째, 기술의 측면에서 시간에 관련된 전략적 목표를 달성하여 시장과 소비자 만족을 성취하기 위해 정보 기술의 채택하여야 한다. 이 새로운 기술은 핵심 활동에 집중, 외부 경영의 효율적 통제에 도움을 준다.

Notan and Condotta(1997)는 북부 이탈리아 니트 산업과 다른 관련 산업에서 나타난 경쟁적 필수요소를 다음과 같이 지적하고 있다. 즉 변화의 가속화와 보다 짧아진 개발 시간으로 유통이 매우 중요하다; 가격 인하를 위해 비용감소 외에 다른 새로운 가격인하 작업방법을 개발해야 한다; 세계적 경쟁은 저노동비용의 압력을 증가한다. 따라서 이탈리아 니트웨어 산업의 방향을 다음과 같이 새롭게 설정하고 있다: 새로운 패션의 예측과 제안 능력의 개발, 경쟁자와 차별화된 상품의 개별화(personalized), 자체 소매점포를 통한 생산과 분배의 근접성, 국제적 소매네트워크를 통한 트렌드, 소비자 욕구와 수요의 감지. 이러한 방향은 상대적으로 대규모 생산을 하는 미국, 서구유럽, 일본의 제조업자들과 비교 시 작은 규모의 틈새시장에서 경쟁적일 수 있게 하며 가능한 작은 크기로 규모의 경제를 갖게 한다.

7) 기타 경쟁력 요소

이외에 패션산업의 여러 연구들에서 한국패션산업의 경쟁력 향상을 위한 요소들로 등장하고 있는 것들을 살펴보면, 공정별 분업화/전문화(이재덕, 1999 김칠두, 2002), 국제화(이은주와 권정란, 2001; 정준연 1991), 세계적 상표개발(의류산업협회, 2002), 인프라 기반 조성(이은주와 권정란, 2001; 의류산업협회, 2002; 김칠두, 2002), 제품기획력(정준연, 1991; 김칠두, 2002), 마케팅 능력(이은주와 권정란, 2001; 정준연 1991, 의류산업협회, 2002; 김칠두, 2002), 틈새시장 개발(이재덕, 1999), 연구개발(정준연, 1991), 정부지원(정준연, 1991; 의류산업협회, 2002) 최고경영층의 노력(정준연 1991) 등이 있다.

제4절 실증적 연구 Ⅱ

제2절에 살펴본 것처럼 세계화 환경은 패션기업을 여러 측면에서 변화시켰다. 본 절에서는 패션기업의 세계화 추세를 알아보기 위하여 위의 문헌적 연구에서 언급되었던 것들을 다음과 같이 명제로 설정하였다.

1. 연구내용

1) 세계적 조달

명제 1-1: 패션기업의 생산지 이동이 지리적으로 확장되고 있다.

명제 1-2: 패션기업의 세계적 조달 영역이 확장되고 있다. 즉 생산의 조달에서 원부자재를 비롯하여 생산, 완제품, 연구개발, 판매 등의 조달로 전활동 영역에서 조달이 확장되고 있다.

2) 세계적 상품 공급전략

명제 2-1: 세계화는 폭 넓고 세계적인 상품 구색과 범주를 위해 세계적 상품 공급 전략을 가져왔다.

명제 2-2: 세계화로 인해 매우 패션상품 공급사슬의 구조가 다소 길고 복잡해짐으로써 패션상품 공급전략에서 시간과 품질요소가 중요해졌다.

명제 2-3: 세계적 상품 공급전략으로 패션상품 공급사슬이 복잡해지고 길어짐으로써 점차 상품 공급사슬에서 네트워크 형태를 지향하고 있다.

3) 세계적 경쟁력 향상을 위한 필수요소

패션산업 및 기업의 세계적 경쟁력 향상을 위한 요소를 연구하고자 한다.

2. 측정 및 분석방법

위의 연구 명제를 해결하기 위해 2000/2001 해외진출 기업 디렉터리 조사와 한국패션기업을 대상으로 설문 조사의 두 가지 방법을 병행하였다.

1) 해외진출 기업 디렉터리 조사

2000/2001 해외진출 한국기업 디렉터리(대한무역투자진흥공사, 2000)에서 전세계에 진출한 패션기업 및 지사. 지점, 해외법인 635개를 대상으로 진출 대륙, 업종, 취급 분야, 해외진출형태, 최초진출년도, 연간매출액을 [표 3-5]과 같이 조사하였다.

[표 3-5] 해외진출기업 디렉터리의 자료 내용

자료 구성	자료 내용
진출 대륙	아시아. 대양주, 북미, 중남미, 유럽, 러·동구, 중동, 아프리카
업종	무역업, 유통업, 제조업(섬유에서 봉제), 제조업/무역업, 제조업/무역업/현지유통, 기타
취급 분야	분류 17: 섬유제조업 18: 봉제의복 및 모피제품제조업 19: 가죽, 가방 및 신발제조업 51: 패션관련 소매업
해외진출 유형	현지법인(생산, 영업, 생산/영업), 현지법인의 지사, 지점 지사, 지점, 연락사무소, 대표사무소 해외직접투자(단독투자, 합작투자)
최초 진출 년도	
연간 매출액	

2) 설문 조사

실증적 연구 Ⅱ를 위한 두 번째 연구방법은 한국패션기업을 대상으로 한 설문 조사이다. 설문지 개발, 예비조사, 본 조사, 분석방법은 다음과 같다.

(1) 설문지 개발

설문의 구성은 명제의 내용을 기초로 하여 구성하였으며 설문의 내용은 문헌적 연구를 토대로 작성하였다. 설문지의 구성과 내용은 [표 3-6]과 같다.

① 해외진출형태

기업의 세계화 정도를 가늠하고, 명제 1-1을 측정하기 위해서 기업의 해외진출형태를 조사하고자 하였다. 기업의 해외진출형태는 앞의 이론적 연구를 토대로 작성하였다. 즉 이 책에서는 해외진출형태를 수출입에 의한 진출, 계약에 의한 진출, 해외직접투자 그리고 패션산업의 특성상 매우 많은 비중을 차지하고 있는 해외생산을 분류하였다. 특히 해외생산 유형은 예비조사를 통해 패션산업에서 많이 이용되고 있는 용어로 변경하여 사용하였다.

[표 3-6] 설문지 구성

문항 번호	문항 수	문항 내용	척도
1	5	기업의 일반적인 현황	선다형 및 기술형
2(1), (2), (3)	3	최초 해외진출 년도, 형태, 동기	선다형 및 기술형
2(4), (5), (6)	3	현재 해외진출형태, 국가, 동기	선다형 및 기술형
3(1), (2)	5	해외조달 현황(해외로 이전한 기업의 활동 및 국가, 동기)	선다형 및 기술형
3(3) ~(7)	7	세계적 상품 공급전략	선다형 및 기술형
3(8)	7	상품 공급네트워크	5점 리커트 척도
3(9)	1	세계적 경쟁 대응 방안	기술형
3(10)	1	기업의 세계적 핵심 경쟁력	선다형
4	18	한국패션산업의 세계적 경쟁을 위한 요소	5점 리커트 척도

즉 계약생산(완제품), 주문생산(완제품), 위탁생산(봉제), 현지생산법인으로 분류하여 문항을 구성하였다. 계약에 의한 진출도 예비조사를 통해 패션산업에서 주로 이용되고 있는 라이센싱, 프렌차이징, 경영관리 계약, 기술지원계약 등으로 문항을 구성하였다.

② 해외진출 동기

기업이 해외시장 또는 세계시장으로 진출하는 동기에 대해서 많은 학자들이 언급하고 있는데 이 책에서는 한국패션기업의 국제화 수준을 조사하기 위하여 Craig & Douglas(1996)의 세계화 단계에 따른 세계화 동기를 토대로 하여 패션산업(Moore, 1997; Kwan, 1996; 정준연, 1991)에서 많은 등장하고 있는 해외진출동기를 첨부하여 [표 3-7]과 같이 구성하였다.

③ 패션상품 공급전략

세계적 상품 공급전략은 원부자재 공급에서 제조 과정, 소비자에 이르기까지의 과정에 속한 활동들을 전세계의 다양한 지역에서 전략적으로 조달하는 것으로 정의하고 Walwyn(1997)의 분류, Popp et al(2000)를 참조하여 문항을 구성하여 기업의 패션상품의 세계적 패션상품 공급전략 실행여부와 세계적 상품 공급전략에서 주요 요소를 측정하고자 하였다.

패션기업의 세계적 패션상품 공급사슬에서 네트워크화에 관한 문항3(8)을 위해 네트워크를 '상품과 서비스의 흐름을 조정하기 위한 높은 신뢰의 제도적으로 분산된 배열'(Popp et al, 2000)로 정의하였다. 그러나 네트워크의 형태나 요소를 분석하는데 기존의 통계자료가 없으며 기업간 관계의 특성과 형태에 있어 상대적, 개념적으로 모호하기 때문에(김대영, 2000) 이 책에서는 세계적 상품 공급전략에 참여하고 있는 협력업체와의 관계 특성을 Popp et al(2000), 김대영(2000)의 논문에서 언급한 내용을 토대로 대등한 협력관계(←→전통적 종속관계), 정보·기술·노하우 공유, 네트워크 연계(배치), 장기적 파트너십 형성, 정보네트워크화 실행, 신뢰 관계로 구분하여 문항을 구성하였고 5점 리커트 척도로 기업의 협력업체와의 네트워크 관계 정도를 측정하였다.

[표 3-7] 해외진출동기 문항

문항 구성 및 내용	문항 출처
해외시장진입	
내수시장의 포화	Moore(1997), Craig & Douglas(1996)
위험의 분산	Craig & Douglas(1996)
해외경쟁자들의 자극	Craig & Douglas(1996), Moore(1997), Johansson(1999)
기술변화에 대응	Craig & Douglas(1996), Moore(1997)
마케팅과 통신기술의 발달	Craig & Douglas(1996)
현지시장 확장	
해외시장 기반 구축	Craig & Douglas(1996), Kwan(1996), 정준연(1991)
지역시장 성장	Craig & Douglas(1996)
시장선도력 확보	Craig & Douglas(1996)
지역자산의 효율적 사용	Craig & Douglas(1996), Johansson(1999)
세계적 합리화 단계	
학습과 경험	Craig & Douglas(1996), Johansson(1999)
세계적 고객 출현	Craig & Douglas(1996), Johansson(1999)
범세계적 유통경로 출현	Craig & Douglas(1996), Johansson(1999)
패션산업의 국제화 동기	
틈새시장 기회	Moore(1997)
무역파트너의 이용가능성	Moore(1997)
경쟁구조의 후진성	Moore(1997)
무역법규의 우회	Kwan(1996), 정준연(1991)
노동력 확보/저임금	Kwan(1996), 정준연(1991)
선진시장의 근접성	Kwan(1996)
국제화/세계화 대비	정준연(1991)
제품구색의 다양화	Walwyn(1997)
규모와 범위의 경제	Johansson(1999)
원부자재 조달의 효율성	Craig & Douglas(1996), Kwan(1996), 정준연(1991)
기타	

④ 세계적 경쟁력 향상을 위한 요소

세계적 경쟁력 향상을 위한 요소를 측정하기 위해 세 개의 질문(3-9, 3-10, 4)이 구성되었다. 질문 3(9)는 최근 세계적 경쟁에 직면하여 귀사가 취하였던 대응방안을 기술하게 하였고, 질문 3(10)은 설문 대상 기업에 대상기업의 세계적 핵심 경쟁력 요소를 우선순위로 3개를 선택하게 하였으며, 질문 4는 한국패션산업의 세계적 경쟁력 향상을 위한 문항의 요소들이 어느 정도 중요하다고 생각하는지를 5점 리커트 척도로 측정하였다.

질문의 문항들로 구성된 세계적 경쟁력 요소는 문헌 조사에서 언급되었던 일반적인 국제경쟁력 요소와 패션산업에서 경쟁력 요소라고 언급되었던 요소들로 다음 [표 3-8]과 같다.

[표 3-8] 세계적 경쟁력 문항

세계적 경쟁력 향상을 위한 요소	출 처
가격경쟁력	많은 논문들에서 기본 개념으로 언급
고부가가치	Notan and Condotta(1997), Leung & Wong(1999), 의류산업협회(2002)
공정별 분업화/전문화	이재덕(1999), 김칠두(2002)
국제화 능력	이은주와 권정란(2001), 정준연(1991)
관련산업의 발달/지역적 집중	Godley(1997), 스티븐 브래들리 외(1993), 김칠두(2002)
인프라 기반 조성	의류산업협회(2002), 김칠두(2002), 이은주와 권정란(2001)
전략적 포지셔닝	Enrico(1996), Notan and Condotta(1997)
제품 기획력	정준연(1991), 김칠두(2002)
마케팅 능력	이은주와 권정란(2001), 정준연(1991), 의류산업협회(2002), 김칠두(2002)
기술혁신(신속대응, 생산기술, 유통기술, 정보커뮤니케이션 기술)	Moon(1999), Hines(1998), 의류산업협회(2002), 김칠두(2002)

세계적 상표 개발　　　　　　　의류산업협회(2002)
틈새시장 개발　　　　　　　　　이재덕(1999)
연구개발, 정부지원, 최고경　　　정준연(1991), 김칠두(2002), 의류산
영층의 능력　　　　　　　　　　업협회(2002)

(2) 예비조사 및 본조사

위와 같이 작성된 설문지는 한국패션기업을 대상으로 예비조사 및 본 조사가 실시되었고 자료분석이 실시되었다.

예비조사는 문헌 조사를 통해 작성된 설문지의 설문 구성과 내용, 문항들의 명확성, 응답의 용이성을 확인하기 위해 20명의 의류전문가를 대상으로 예비조사를 실시하였고, 이렇게 구성된 설문 내용과 문항들이 한국패션기업들에의 적합성을 확인하기 위해 4개의 패션기업 관리자(LG패션 상무이사, Phill 이사, 일루㈜, J&H international)를 대상으로 예비조사를 하였다. 예비조사를 통해 설문 구성, 설문 내용, 설문 문항과 용어들을 부분적으로 교체하여 최종 설문지를 확정하였다.

본 조사는 2001섬유제품수출입현황(의류산업협회, 2002)에서 50대 섬유제품 수출회사와 수입회사, 그리고 지명도가 높은 내수 회사를 선정하여 2002년 6월 말-8월 초까지 이들 기업의 관리자를 대상으로 다음과 같은 단계를 거쳐 자료를 수집하였다: ① 120 기업을 대상으로 전화 방문, ② 95 기업을 대상으로 설문지 발송, ③ 수 차례의 전화 설득과 방문을 통해 설문지가 회수되었으며 불성실한 응답을 제외한 41부가 회수되었다([표 3-9] 참조)

[표 3-9] 설문지가 회수된 한국 선두패션기업

	기업 명칭	활동 범위		기업 명칭	활동 범위
1	LG패션	내수	21	이레무역	수출
2	㈜이랜드	내수	22	선무역㈜	수출
3	㈜지오다노	내수, 수입	23	코오롱인터내셔날	내수 및 수출
4	I-Textile LTD	수출	24	㈜비와이씨(무역1부)	내수 및 수출
5	미래와 사람㈜	수출	25	㈜비와이씨(무역2부)	내수 및 수출
6	최신물산	수출	26	제일모직㈜ (패션부문)	내수 및 수출
7	㈜세원	수출	27	㈜대우인터내셔날	내수 및 수출
8	신화섬유㈜	수출	28	삼영모방공업㈜	내수 및 수출
9	보광인터내쇼날㈜	수출	29	신성통상㈜	내수 및 수출
10	한세실업	수출	30	㈜극동	내수 및 수출
11	도진물산㈜	수출	31	원풍물산㈜	내수 및 수출
12	팬코㈜	수출	32	영원무역	내수 및 수출
13	㈜웅천텍스트	수출	33	㈜삼원색	내수, 수입
14	㈜삼일니트	수출	34	㈜풍인	수출, 수입
15	광림통상㈜	수출	35	한솔섬유㈜	수출, 수입
16	㈜비앤인터내쇼날	수출	36	제일모직㈜	내수, 수출·입
17	㈜한샘텍스, ㈜한솔	수출	37	㈜아이비 무역	내수, 수출·입
18	㈜준일	수출	38	영창㈜	기타 (피혁, 원단 등)
19	자오무역	수출	39	㈜황보	수출
20	㈜우인인터스트리즈	수출	40	세아상역㈜	수출

3. 분석결과 및 논의 Ⅱ

1) 세계적 조달

세계화는 한국패션기업으로 하여금 수출이나 비용절감을 위한 단순 해외생산에서 세계적 조달로 지리적 범주 및 기업의 활동/기능을 확장하면서 국제시장 몰입 수준을 증대 시켰을 것이라는 명제를 해결하기 위해 설문지와 2000/2001 해외진출기업 디렉터리 조사의 두 가지 연구방법을 병행하여 다음과 같은 연구결과를 얻었다.

(1) 생산지 이동의 지리적 확장

명제 1-1의 생산지 이동의 지리적 확장은 한국의 패션기업이 종래의 **OEM**수출이나 인접한 저비용국가에서의 생산에서 세계화로 인해 세계적 생산으로 지리적 범주를 확장하고 있음을 의미한다. [표 3-10]는 2000/2001 해외진출 한국기업 디렉터리에서 패션기업의 대륙별 해외진출현황을 나타내는 것으로, 대체로 한국패션기업의 해외진출은 아시아에 치중되어 있으나 미약하게나마 아프리카에 이르기까지 전세계에 진출했음이 보여주고 있다.

[표 3-10] 대륙별 한국패션기업 해외진출 현황

	아시아	대양주	북미	중남미	유럽	러, 동구	중동	아프리카	합계
업체 수	454	3	44	53	20	39	17	5	635
%	71.5	0.5	6.9	8.4	3.2	6.1	2.7	0.8	100

취급분류 별 대륙분포 현황을 [그림 3-2]에서 살펴보면 제조부문이 아시아에 매우 치중되어 있으나 유통(무역) 부문에서보다 전세계적으로 고르게 퍼져 있다. 어패럴 제조는 아시아 및 중남미, 러·동구의 저비용지역에 주로 분포되어 있고 섬유제조는 아시아와 북미에 분포되어 있음을 알 수 있다.

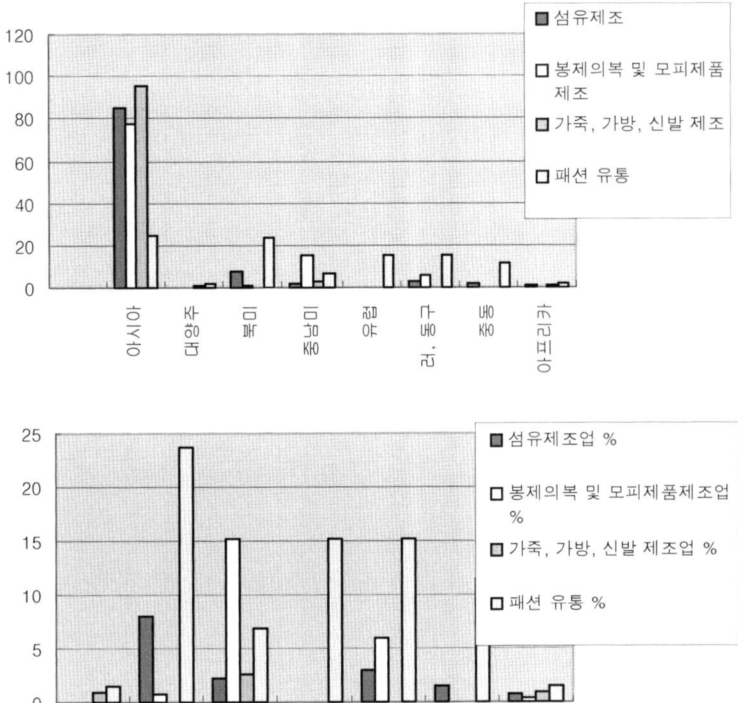

[그림 3-2] 한국패션기업의 취급분류 별 대륙분포 현황

[표 3-11]은 한국패션기업의 대륙별 취급분류 진출 현항을 교차 분석한 것으로, 아시아와 중남미에는 제조와 관련된 패션기업이 많이 진출해 있으며 북미와 유럽에는 무역과 관련된 패션기업이 많이 진출해 있었다. 자세히 살펴보면 아시아에는 섬유, 의류봉제, 모피와 가죽 제품, 가방, 신발제조와 관련된 패션기업이, 중남미에는 의류봉제, 모피제품 제조, 섬유와 직물 무역과 관련된 패션기업이, 러·동구에는 의류봉제와 모피제품 제조뿐만 아니라 섬유와 직물 무역과 관련된 패션기업이, 중동

은 섬유와 직물 무역과 관련된 패션기업이, 북미와 유럽은 패션제품, 섬유와 직물 무역과 관련된 패션기업이 많이 진출해 있었다.

[표 3-11] 한국패션기업의 대륙별 취급분류 교차분석표

(괄호 안은 기대빈도)

진출 대륙	섬유제조	봉제의류, 모 가죽, 가방, 피제품 제조	신발 제조	패션제품 무역	섬유 및 직물 무역	합계
아시아	111 (93.5)	173 (157.9)	138 (114.7)	18 (38.2)	5 (40.4)	445
북 미	10 (9.1)	2 (15.3)	8 (11.1)	18 (3.7)	5 (3.9)	43
중남미	3 (11.2)	29 (18.8)	12 (13.7)	2 (4.6)	7 (4.8)	53
유 럽	0 (4.2)	0 (7.1)	0 (5.2)	7 (1.7)	13 (1.8)	20
러·동구	4 (8.2)	15 (13.8)	1 (10.1)	8 (3.4)	11 (3.5)	39
중 동	2 (3.6)	0 (6.0)	0 (4.4)	0 (1.5)	15 (1.5)	17
합 계	130	219	159	53	56	617

[표 3-12]는 한국패션기업의 연도별 대륙진출 현황을 교차분석한 것으로, 해외진출이 급격히 증가하기 전인 1987년 이전에는 대체로 북미, 중남미, 유럽, 중동에 진출을 많이 한 반면 해외진출이 급격했던 1988년-1997년에는 집중적으로 아시아에 진출이 많았는데 이는 국내에서 생산비용이 급증하면서 생산

비용이 저렴한 아시아로 생산이전을 하였기 때문이다. 1998년 이후에는 중남미와 러·동구에 많이 진출을 하였는데 이는 1990년대 중반이후 대미, 대유럽 수출이 급격히 감소하면서 그리고 MFA가 UR협정에 따라 단계적 폐지가 진행되면서 북미수출시장을 위해 중남미에 그리고 유럽수출시장을 위해 러·동구가 진출이 많아졌기 때문이다. 이는 홍콩의 패션기업들이 해외생산거점 이전을 위해 4단계에 걸쳐 해외직접투자 대상국을 옮긴 Au & Yeung(1999)연구[36]와 유사함을 나타낸다.

[표 3-12] 한국패션기업의 대륙별 진출연도 교차분석표

(괄호 안은 기대빈도)

진출 대륙	진 출 년 도				합 계
	~ 1987	1988~1993	1994~1997	1998~2001	
아시아	32	177	155	32	396
	(47.7)	(165.0)	(139.7)	(43.5)	
북 미	14	10	13	3	40
	(4.8)	(16.7)	(14.1)	(4.4)	
중남미	9	25	13	6	53
	(6.4)	(22.1)	(18.7)	(5.8)	
유 럽	8	6	4	2	20
	(2.4)	(8.3)	(7.1)	(2.2)	
러·동구	0	13	12	14	39
	(4.7)	(16.3)	(13.8)	(4.3)	
중 동	5	4	2	5	16
	(1.9)	(6.7)	(5.6)	(1.8)	
합 계	68	235	199	62	564

---

[36] Au & Yeung(1999)은 홍콩의 패션기업들이 MFA 통제 하에서 각 시기마다 새롭게 등장하는 무역규제에 대응하기 위해 40여년 동안 전세계의 다양한 위치로 생산거점을 이전시키기 위해 해외직접투자를 하여 자회사를 설립하였음을 밝히고 있다.

[표 3-13]은 한국패션기업의 대륙별 진출형태를 교차 분석한 것으로, 현지법인은 아시아와 러·동구에서 많으며, 지사 및 지점과 연락사무소 및 대표사무소는 북미와 유럽, 중동에 많으며, 해외직접투자는 아시아와 중남미에 많은데, 이는 선진패션산업국인 북미나 유럽 시장에 대해서는 수출이나 판매를 위해 지사/지점, 대표사무소/연락사무소들이 보다 많이 진출하였기 때문이며, 생산비용이 저렴한 개발도상국 패션산업국인 아시아와 중남미, 그리고 최근에 등장한 러·동구에 대해서는 해외생산과 판매를 위해 현지법인 및 해외직접투자가 보다 많이 진출하였기 때문이다.

[표 3-13] 한국패션기업의 대륙별 진출형태 교차분석표

(괄호 안은 기대빈도)

진출 대류	진 출 형 태					
	현지법인	지사, 지점	연락, 대표, 현지사무소	해외직접투자	임의 진출	합계
아시아	282	14	37	82	20	435
	(265.6)	(31.6)	(48.8)	(74.7)	(14.4)	
북 미	23	9	11	0	0	43
	(26.3)	(3.1)	(4.8)	(7.4)	(1.4)	
중남미	27	3	1	22	0	53
	(32.4)	(3.8)	(5.9)	(9.1)	(1.7)	
유 럽	7	4	9	0	0	20
	(12.2)	(1.5)	(2.2)	(3.4)	(0.7)	
러·동구	30	4	5	0	0	39
	(23.8)	(2.8)	(4.4)	(6.7)	(1.3)	
중 동	1	10	5	0	0	16
	(9.8)	(1.2)	(1.8)	(2.7)	(0.5)	
합 계	370	44	68	104	20	606

(2) 세계적 조달 영역의 확장

명제 1-2의 세계적 조달 영역의 확장은 패션산업에서 종래의 노동집약적 특성에 기인한 생산의 조달에서 원부자재를 비롯하여 생산, 완제품, 연구개발, 판매 등으로 조달의 영역이 패션기업의 전체 활동으로 확장되고 있음을 나타낸다. 이를 조사하기 위해 우리나라의 선두 패션기업을 대상으로 세계적 조달에 대해 설문 조사하여 다음과 같은 결과를 얻었다.

[표 3-14], [표 3-15]는 한국 선두패션기업의 해외이전 활동 현황을 나타내는 것으로, 생산 활동의 해외 이전은 설문기업의 88%에 해당하는 기업들이 이미 실행하고 있으며 생산기능 이외의 기업활동의 해외 이전은 설문기업의 52%가 실행하고 있었다. 그러나 생산 활동 이외에 해외로 이전한 활동은 주로 원부자재와 판매부문에 치중되어 있으며 제품 및 디자인 기획, 연구개발, 유통부문의 해외 이전은 이에 비해 매우 미비함을 나타내고 있다. 이는 한국의류산업협회(2001)의 연구의 결과와 유사한데, 연구개발이나 유통부문의 미비는 신흥공업국인 한국패션기업의 규모와 패션산업의 특성에 기인한 것으로 사료되며 제품 및 디자인 기획의 미비는 한국패션기업이 아직은 OEM 생산방식의 수출에서 벗어나지 못하고 있음을 나타내는 것으로 사료된다.

[표 3-14] 한국 선두 패션기업의 생산 및 기업활동의 해외 이전

	생산기지/활동 이전		그 외 해외이전 활동		
	예	아니오	예	아니오	합 계
업체 수	36	5	21	19	40
%	87.8	12.2	52.5	47.5	100

[표 3-15] 해외로 이전한 기업활동/기능

	원부자재 소싱	판 매	유 통	제품, 디자인 기획연구	개발기 타	합 계
업체 수	15	9	2	2	1	1	21
%	71.4	42.9	9.5	9.5	4.8	4.8	100

(3) 한국패션기업의 국제화 정도

[그림 3-3]은 해외진출 한국기업 디렉터리에서 한국패션기업의 진출년도에 따른 분포를 나타낸 것으로, 한국패션업체는 1960년대부터 해외진출을 시작하여 1987년에서부터 해외진출이 급격히 증가하였으며 1990년대 전후하여 점차 감소하기 시작하였음을 나타내고 있다.

해외진출 패션업체 수

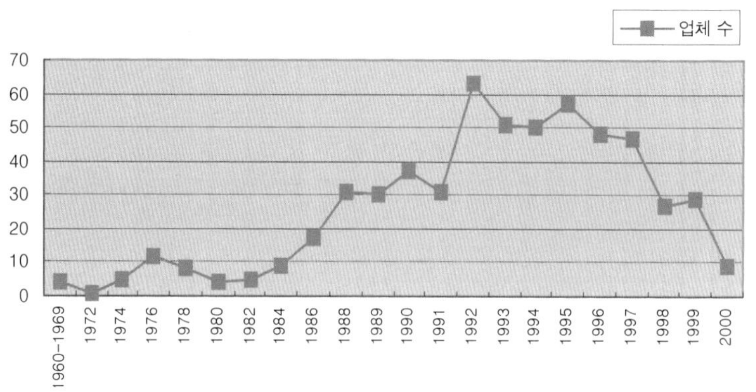

[그림 3-3] 한국패션기업의 년도별 해외진출 분포

자료: 2000/2001 해외진출 한국기업 디렉터리(대한무역투자진흥공사, 2000)에서 등록된 패션기업들의 최초 해외진출연도 자료로 작성한 것임.

[표 3-14]는 해외진출 한국패션기업의 년도별 진출형태 현황을 교차표로 나타낸 것으로, 1987년 이전에는 지점/지사, 연락사무소/대표사무소로 다른 시기보다 많이, 그리고 해외진출이 급격했던 1988-1997년에는 해외직접투자가 다른 시기보다 많이, 1998년 이후에는 현지법인이 다른 시기보다 보다 많이, 진출했음을 보여준다. 특히 MFA가 UR협정에 따라 단계적 폐지가 시작된1994년 이후 한국패션기업의 세계화 진출을 탐색하기 위한 임의 진출이 급격히 증가하였다. 이는 이론적 배경에서 언급되었던 것처럼 기업의 국제화 진행에 따른 해외진출형태를 보여주는 것으로 한국패션기업의 국제화는 수출시장지향단계를 넘어 해외직접투자단계(원종근, 1999)로 진행하였으며, 보다 구체적으로 보면 현지판매법인에 의한 직접수출단계나 현지활동을 통한 해외직접투자단계로 해외에서 독자적인 마케팅 채널을 형성하고, 현지시장을 대상으로 직접 마케팅 활동을 전개하며, 무역장벽과 같은 시장의 위협요소에 대응하거나 현지특유의 입지우위를 활용하기 위해 생산부문을 해외로 이전함(최철, 1991)을 나타낸다.

[표 3-17]은 취급분류별 한국패션기업의 해외진출년도 현황을 교차분석표로 나타내고 있는데, 취급1987년 이전에는 섬유제조 및 패션관련 무역이, 1988-1997년에는 어패럴 제조 및 가죽, 가방, 신발제조가, 1998년 이후에는 어패럴 제조가 다른 시기보다 많이 진출했음을 나타낸다. 이는 패션기업의 국제화가 섬유, 패션제품 제조 순으로 진행되었음을 나타낸다.

[표 3-16] 한국패션기업의 진출형태별 해외진출년도 교차분석표

(괄호 안은 기대빈도)

진출 형태	진 출 년 도				합 계
	~ 1987	1988~1994	1994~1998	1998~2001	
현지법인	39	140	114	41	334
	(40.1)	(140.1)	(116.7)	(37.1)	
지사, 지점	12	14	9	6	41
	(4.9)	(17.2)	(14.3)	(4.6)	
연락, 대표, 현지 사무소	12	24	20	7	63
	(7.6)	(26.4)	(22.0)	(7.0)	
해외직접투자	4	50	40	8	102
	(12.2)	(42.8)	(35.6)	(11.3)	
임의 진출	0	6	12	0	18
	(2.2)	(7.5)	(6.3)	(2.0)	
합 계	67	234	195	62	558

[표 3-18], [표 3-19]는 한국 선두패션기업을 대상으로 최초 해외진출 동기와 최근 해외진출 및 확장의 동기를 설문 조사한 결과로서, 한국 선두패션기업들의 최초 해외진출 동기는 우리나라의 생산비용 상승에 따른 해외생산 이유인 가격경쟁력이 가장 많았고 그리고 수출에 의한 해외진출이 많았다.

한국 선두패션기업들의 최근 해외진출 및 확장의 동기를 살펴보면 여전히 노동력 확보/저임금이 **83%**로 가장 많았고, 그 다음으로 해외시장 기반구축, 국제화세계화 대비, 원부자재 조달의 효율성 순으로 많았다. 이 표의 결과에서 볼 때 한국 선두패션기업들의 국제화 정도는 해외진출 진입초기 시 수출이나 생산경비 상승에 따른 해외생산 이전에서 진행되어 기업의 국제화나 세계화의 필요성을 인식하고 초기진입 단계에서 벗어나 지역시장 확장을 시도하는 것으로 나타난다.

[표 3-17] 한국패션기업의 취급분류별 해외진출년도 교차분석표

(괄호 안은 기대빈도)

취급 분류	진 출 년 도				합 계
	~ 1987	1988~1994	1994~1998	1998~2001	
섬유 제조	18	41	46	9	114
	(13.5)	(47.5)	(40.6)	(12.4)	
봉제의복 및 모	8	87	76	28	199
피제품 제조	(23.5)	(82.9)	(70.8)	(21.7)	
가죽, 가방 및	10	68	52	13	143
신발 제조	(16.9)	(59.6)	(50.6)	(15.6)	
패션제품 무역	14	18	14	4	50
	(5.9)	(20.8)	(17.8)	(5.5)	
섬유 및 직물	16	19	11	7	53
무역	(6.3)	(22.1)	(18.9)	(5.8)	
합 계	66	233	199	61	559

[표 3-18] 한국 선두패션기업의 최초 해외진출 동기

	최초 해외진출 동기/이유	업체 수	%
1	가격경쟁력	24	58.5
2	해외시장 개척 및 확대	2	4.9
3	수출	5	12.2
4	매출 확보 및 확대	2	4.9
5	납기	2	4.9
6	원부자재 확보	2	4.9
7	생산 Capacity 확보	2	4.9
8	현지 소싱	1	2.4
9	투자비용절감	1	2.4
	계	41	100.0

[표 3-19] 한국 선두패션기업의 최근 해외진출 및 확장 동기

최근 해외진출 및 확장 동기	업체 수	%
초기 진입		
내수시장 포화	6	14.6
위험 분산	6	14.6
해외 경쟁자	6	14.6
기술변화 대응	4	9.8
마케팅, 통신기술 발달	0	0.0
지역시장 확장		
해외시장기반 구축	20	48.8
지역시장 성장	2	4.9
시장 선도력 확보	5	12.2
지역자산의 효율적 사용	3	7.3
세계화		
학습과 경험	2	4.9
세계적 고객	4	9.8
범세계적 유통경로	7	17.1
패션기업의 해외진출 동기		
틈새 시장	3	7.3
무역파트너 이용가능성	6	14.6
경쟁구조의 후진성	1	2.4
무역 법규	4	9.8
노동력확보/저임금	34	82.9
선진시장 근접성	8	19.5
국제화/세계화대비	17	41.5
유연성 증대	9	22.0
제품구색 다양성	6	14.6
규모/범위의 경제	8	19.5
원자재조달의 효율성	16	39.0
기타	1	2.4

[표 3-20]는 한국 선두패션기업을 대상으로 해외진출형태를 설문 조사한 결과로서, 80%가 넘는 선두패션기업들이 수출, 해외생산, 해외직접투자 등으로 다양한 진출형태로 해외시장에 진출하여 있다. 그리고 직접수출과 해외생산이 가장 많이 이용하고 있는 해외진출형태로 나타나고 있는데 이는 기업의 국제화 과정에서 언급되었듯이 한국 선두패션기업의 해외진출형태가 국제화의 초기에 등장하는 간접수출에서 벗어나 직접수출과 해외생산으로 진행되었음을 나타내는 것이다. 더욱이 현지생산법인에 의한 해외생산이 44%, 해외직접투자가 80%에 이르는 것으로 나타나 국제화의 정도가 세계화 단계에 이르지는 못했지만 상당히 많이 진척된 것으로 보인다. 이는 앞에서 언급하였듯이 한국패션기업의 국제화 단계가 현 지 법인에 의한 직접수출단계나 현지생산에 의한 해외직접투자단계에 있음을 나타낸다.

[표 3-20] 한국 선두패션기업의 해외진출 형태

해외진출형태	간접 수출				직접 수출				해외 생산					계약 해외진출				해외직접투자		
	무역상사	현지도매업자	수출대행업자	기타	수출전담부서	해외지사	현지판매법인	기타	현지생산법인	위탁생산	주문생산	계약생산	기타	기술지원계약	경영관리계약	라이센싱	기타	단독투자	합작투자	기타
업체수	10	10	2	0	16	13	9	1	18	21	12	9	0	4	2	2	0	23	9	1

2) 세계적 패션상품 공급

세계화는 패션기업으로 하여금 세계적 상품 공급전략으로 패션상품 공급을 확장시켰을 것이라는 명제 2를 해결하기 위하여 한국 선두패션기업을 대상으로 한 설문지를 통해 다음과 같은 결과를 얻었다.

(1) 세계적 상품 공급전략

세계화는 폭 넓고 세계적인 상품구색과 범주를 위해 세계적 상품 공급 전략을 가져왔을 것이라는 명제 2-1에 대한 연구결과는 다음과 같다. 우선 한국선두패션기업들이 세계적 공급전략을 실행하고 있는지 여부에 대한 질문에서, 한국 선두패션기업의 85%는 세계적 패션상품 공급을 실행하고 있다고 답하였다. [표 3-21]은 한국선두패션기업의 세계적상품 공급을 위해 해외소싱활동/기능을 나타내고 있는데, 세계적 상품 공급을 위해 해외에서 소싱하고 있는 활동이나 기능은 원부자재공급(73%), 완제품공급(53%), 생산(56%) 등으로 대체로 생산과 관련된 활동들이었다.

[표 3-21] 세계적 상품 공급전략을 위해 해외에서
소싱하고 있는 활동/기능

	원부자재 공급	생산	완제품 공급	가공, 끝손질	판매	상품, 디자인기획	기타
업체 수	30	23	22	12	6	3	1
%(업체수/41)	73.2	56.1	53.7	29.3	14.6	7.3	2.4

세계적 상품 공급전략에서 중요한 것 중 하나는 패션상품 유형과 서비스에 따라서 조달의 위치나 국가가 결정하는 것이

다(Walwyn, 1997; Kuntz, 1998). 한국선두패션기업에 세계적 상품 공급전략을 위해 조달 국가/지역을 다르게 선택하는지의 여부에 대한 질문에서, 한국 선두패션기업의 **70%**에 해당하는 기업들이 세계적 상품 공급전략을 위해 국가나 지역을 다르게 선택한다고 답하였다. [표 3-22]는 한국선두패션기업의 세계적 상품 공급전략 시 국가/지역 선택 이유를 나타내는 것으로, 한국선두패션기업이 세계적 상품 공급전략을 위해 국가나 지역을 다르게 선택하는 이유는 저비용(**78%**), 품질(**57%**)이 가장 주된 이유이었고 신속대응(**36%**), 전문성(**32%**)이 그 다음 이였다. 세계적 상품 공급전략에서 국가 결정 시 주된 기준으로 패션성이나 색채 및 스타일이 주된 기준이 되지 못한 이유는 아마도 한국패션기업들이 아직은 저비용 위주의 패션제품에 주력하기 때문인 것으로 사료된다. 고부가가치 상품의 전환을 위해서는 상품 공급전략에서 품질 외에 패션성이나 디자인, 색채, 납기, 물량 등에 대한 고려가 있어야 하겠다.

[표 3-22] 상품 공급 시 국가/지역을 다르게 선택하는 이유

	저비용	품질	신속대응	전문성	무역법규	세계적	소비자	패션성	공급	지속직인	스타일	색채및	기타
업체 수	22	16	10	9	8	7		5		5	5		2
%(업체수/28)	78.6	57.1	35.7	32.1	28.6	25.0		17.9		17.9	17.9		7.1

(2) 의류상품 공급 전략에서 시간과 품질의 중요성

세계화로 인해 의류상품 공급사슬 구조가 다소 길고 복잡해짐으로써 의류상품 공급 전략에서 시간 요소, 품질요소가 중요해졌다는 명제 **2-2**를 조사하기 위해 한국 선두패션기업들을 대

상으로 한 설문 결과는 다음과 같다.

[표 3-23]은 한국선두패션기업을 대상으로 세계적 상품 공급 전략에서 중요시 하는 요소들을 설문 조사한 결과를 나타내는 것으로, 한국선두패션기업이 세계적 상품 공급전략에서 가장 중요시 하는 요소들은 가격(90%), 품질(80%), 시간(63%) 이었는데, 가격 요소가 중요성이 가장 큰 것은 앞의 연구결과에서 언급하였듯이 한국패션기업의 패션상품들에서 가격경쟁력이 중요함을 나타내며, 품질이나 시간 요소는 한국패션기업들이 아시아나 중남미, 러,동구로 해외생산이동을 한 결과이라고 볼 수 있으며, 품질의 경우 최근 한국패션기업들의 고부가가치로의 상승을 위한 노력과 인식에 의한 것으로 사료된다.

[표 3-23] 세계적 상품공급 시 주요 요소

	가격	품질	시간	패션성	이용가능성	원부자재	물량유연성	유통	정보네트워크	기타
업체 수	37	33	26	7	7		4	4	0	1
%(업체수/41)	90.2	80.5	63.4	17.1	17.1		9.8	9.8	0.00	2.4

앞의 문헌적 연구에서 언급하였던 것처럼 최근 세계적 상품 공급전략에서 품질과 시간의 요소가 중요해지고 있으며 이를 위한 다양한 노력들이 나타나고 있다. [표 3-24], [표 3-25]는 한국선두패션기업을 대상으로 세계적상품 공급전략에서 품질과 시간의 문제를 해결하기 위해 실행하고 있는 방안에 대해 설문 조사한 결과를 나타내고 있는데, 한국선두패션기업의 주된 해결방안은 시간의 요소 경우, 근접지역/국가에서 소싱/판매 파

트너 선정, 신속대응체제 실행이었고, 품질의 경우, 품질통제를 위한 소싱/판매 파트너와의 직접적인 커뮤니케이션, 적합한 소싱/판매 파트너 선정이었다. 그러나 한국 선두패션기업들에서는 최근 세계적 상품 공급전략에서 신속대응과 함께 등장하고 있는 공급체인 내의 구성원들 간의 네트워크화에 대한 인식이 매우 부족함을 나타내고 있다.

[표 3-24] 세계적 상품공급전략을 위한 품질요소를 위한 방안

품질요소를 위한 해결방안	업체 수
적합한 소싱/판매 파트너 선정	12
품질통제를 위한 소싱/판매 파트너와의 직접적인 커뮤니케이션	21
패션상품 공급체인의 네트워크화	1
기 타(QC)	2
합 계*	31

주) 합계*는 세계적 상품 공급전략에서 가장 중요한 요소가 품질이라고 답한 업체의 수이다.

[표 3-25] 세계적 상품공급전략을 위한 시간요소를 위한 방안

시간요소를 위한 해결방안	업체 수
근접지역/국가에서 소싱/판매 파트너 선정	15
패션상품 공급체인 길이/구조 단순화	3
신속대응체제 실행	13
패션상품 공급체인의 네트워크화	1
기 타	0
합 계*	25

주) 합계*는 세계적 상품 공급전략에서 시간을 가장 중요한 요소라고 답한 업체의 수이다

패션산업에서 네트워크 시스템에 대한 이점은 여러 연구 (Notan and Condotta, 1997; 김병순 외, 1995; Popp et al, 2000)에서 언급하고 있는데 즉 네트워크 체제는 유연성, 반응성, 품질 통제를 가장 효율적이며 기업의 규모에 관계없이 기업으로 하여금 생산과정, 계획과 조정, 재정, 소매유통 등 어디에서든지 자사의 핵심경쟁력에 집중할 수 있게 한다고 하였다.

(3) 의류상품 공급체인의 네트워크화

세계화로 인해 의류상품 공급사슬 구조가 다소 길고 복잡해짐으로써 의류상품 공급 전략에서 네트워크 형태를 지향하고 있다는 명제 2-3을 위해 한국 선두패션기업들을 대상으로 원부자재에서 완제품의 판매에 이르기까지의 협력업체와의 관계에 대한 설문 조사한 결과는 다음과 같다.

[표 3-26]은 한국선두패션기업의 협력업체와의 관계에 대한 설문 조사 결과로서, 위에서 언급되었던 것과 유사하게 협력업체들과의 네트워크화에 대해서도 중요하게 인식하고 있지 않음을 보여주고 있다. 협력업체와의 관계에서 가장 중요한 것으로 나타난 것은 신뢰였으며, 다른 협력관계 유형에서보다 네트워크 관계에서 가장 중요하게 나타나는 관계 유형인 정보·기술·노하우 공유, 정보의 네트워크화, 네트워크 배치나 연계는 보통으로 인식하고 있었다(즉 점수가 3점으로 보통 수준에 머물러 있음을 나타내었다). 최근 네트워크 시스템은 범 세계화에 토대를 둔 자본주의 경제에서 핵심적인 조직의 형태로 부상되고 있는데(김대영, 2000) 여러 연구들을 종합해보면 소규모의 많은 생산단위를 갖는 그리고 생산에서 판매에 이르기까지 지리적 범주가 매우 확장된 패션산업에서 네트워크 시스템은 신뢰를 바탕으로 한 정보, 노하우, 기술 등의 공유가 매우 중요

하며 특히 지리적 범주가 확장된 세계화 환경에서는 네트워크 배치 및 연계가 매우 중요함이 많이 언급되고 있다. 이 책에서는 한국선두패션기업들이 전반적으로 네트워크화에 대한 인식이 부족함을 나타내고 있다.

[표 3-26] 한국 선두패션기업들의 협력업체와의 관계

	전통적 종속관계	대등한 협력관계	정보, 기술, 노하우공유	네트워크 연계	장기적 파트너십	정보 네트워크	신 뢰
합계	104	152	148	131	158	108	170
평균	2.7	3.8	3.8	3.5	4.0	3.1	4.3

주) 본 문항은 5 점 리커트형 척도로 그렇지 않다(1 점) ~ 매우 그렇다(5 점)로 되어 있다.

3) 패션산업 및 기업의 세계적 경쟁력

패션산업 및 기업의 세계적 경쟁력 향상을 위한 필수 요소를 연구, 조사하기 위하여 설문지에서 3 유형의 질문이 문항으로 구성되었다; ① 기업의 세계적 경쟁 대응 방안, ② 기업의 세계적 핵심 경쟁력, ③ 한국패션산업의 세계적 경쟁을 위한 필수요소..

첫번째 유형의 질문은 한국 선두패션기업이 최근 세계적 경쟁에 직면하여 취하였던 대응방안으로 개방형 질문으로 주어졌으며, 이에 대한 답을 분류, 요약하면 [표 3-27]과 같다.

[표 3-27] 한국 선두패션기업의 세계적 경쟁에 대한 대응 방안

대분류	중분류	소분류
국제화(30)	해외생산 및 생산기지 이동(14)	해외생산기지 구축(5)
		해외생산(2)
		해외생산 기지의 다양화(3)
		해외생산의 확대(3)
		생산기지의 현지화(1)
	원부자재 공급처의 국제화(8)	원부자재 현지화(3)
		원부자재 공급처의 다양화(2)
	글로벌 조달(3)	글로벌 소싱(원부자재, 완제품 등)(3)
	해외시장 확대(2)	해외시장 확대(2)
	글로벌 표준화(1)	ISO인증 취득(1)
	글로벌 상표(1)	자사브랜드의 해외판매(1)
	선진패션기업과 제휴(1)	선진패션기업과 제휴(1)
기술개발(16)		신소재 개발(1)
		디자인(3)
		제품개발(1)
		노하우(1)
		지식화(1)
		생산성 향상(3)
		품질관리(3)
가격경쟁력(5)	가격 경쟁력(5)	가격관리(2)
		가격경쟁력 향상(3)
신속대응(5)	신속대응(5)	생산기간 단축(1)
		납기관리(1)
		정보공유를 통한 신속대응(1)
		원부자재생산의 현지화를 통한 빠른 납기(1)
		신속한 상품개발과 공급 통한 신속대응(1)
정보공유(2)	정보 공유(2)	정보공유(2)
다품종화(3)	다품종화(3)	다품종화(3)
차별화(1)	차별화(1)	디자인 개발을 통한 차별화(1)
		품질혁신을 통한 차별화(1)

주) 본 문항의 답은 기술형이었으므로 질적 분석을 이용하여 위와 같은 주요 대응방안을 분류하였다. ( )의 숫자는 언급 횟수이다.

　한국 선두패션기업이 세계적 경쟁에 직면하여 취하였던 대응방안은 국제화(해외생산, 해외생산기지의 다양화, 해외지사 설립, 세계적 조달, 원부자재 공급처의 다양화·현지화)와 관련된 문항이 가장 많았으며, 그 다음으로 기술개발(기신소재 및 디자인개발, 품질향상, 생산성 향상 등)과 신속 대응, 가격경쟁력이 많았으며 그 외에 정보공유, 다품종화, 차별화 이었다.

　두 번째 질문은 기업의 세계적 핵심 경쟁력에 관한 질문으로 선다형으로 주어졌는데 그 결과는 [표 3-28]와 같다. 한국 선두패션기업들이 핵심 경쟁력이라고 가장 많이 답하였던 것은 품질과 가격이었고, 인적자원과 신속대응능력이 그 다음이었다. 이는 패션의 오랜 역사를 지닌 한국패션산업 특성과 최근의 세계적 경쟁에 대응하려는 노력에 기인한 경쟁력이라 생각되며 고부가가치를 위한 경쟁력 즉 제품기획력, 전략적 포지셔닝, 국제화 능력, 마케팅 및 유통기술, 상표에 대한 적극적인 인식과 노력이 아쉽다고 할 수 있다.

[표 3-28] 한국 선두패션기업의 세계적 핵심 경쟁력

	품질	가격	인적자원	신속대응	제품기획력	생산효율성	전략적 포지셔닝	국제화능력	유통기술	마케팅기술	상표	기타
업체 수	33	28	16	14	9	6	5	4	4	3	3	0

　세 번째 질문은 한국패션산업의 세계적 경쟁을 위한 필수요소에 대한 질문으로 한국선두패션기업에 그 중요성 정도를 5점 리커트 척도로 답하도록 하였는데, 그 결과는 [표 3-29]와

같다. 대체로 문항들이 패션산업의 세계적 경쟁력 요소라고 문헌적 연구에서 밝혀졌던 것들로 구성되어 있었으므로 모든 문항이 그 중요도가 보통 이상 이었다. 그 중에서도 한국 선두패션기업들이 한국패션산업의 세계적 경쟁력 향상을 위한 중요한 필수요소라고 답한 것들은 다음과 같다. 가장 점수가 높은 것부터 보면 가격경쟁력, 신속대응능력, 제품기획력, 마케팅 능력, 국제화능력, 고부가가치이다.

[표 3-29] 한국패션산업을 위한 세계적 경쟁력

	가격 경쟁력	고부가가치	신속대응 능력	공정별 분업화 및 전문화	국제화능력	관련산업 발달 및 지역적 집중	인푸라 기반 조성	전략적 포지셔닝	제품 기획력	마케팅 능력	생산기술 혁신	유통기술 혁신	정보 및 커뮤니케이션 기술 혁신	세계적 상표 개발	틈새시장 개발	연구 개발	정부 지원	최고 경영층 능력
합계	181	167	180	147	168	126	142	139	173	171	155	142	153	143	142	149	137	163
평균	4.4	4.1	4.4	3.6	4.1	3.1	3.5	3.4	4.2	4.2	3.8	3.5	3.7	3.5	3.5	3.6	3.3	4

주) 본 문항은 5 점 리커트형 척도로 그렇지 않다(1 점) ~ 매우 그렇다(5 점)로 되어있다.

이상의 세 가지 질문에서 한국 선두패션기업의 세계적 경쟁력을 살펴보면, 우선 한국 선두패션기업들의 핵심경쟁력은 품질, 가격이 주된 요소이며 부차적으로 오랜 패션산업의 역사에서 연유한 인적자원과 대응능력이며 최근의 격심해진 세계적 경쟁에 대응하여 한국 선두패션기업들이 취하였던 방안은 해외생산 및 세계적 조달의 확장이 가장 많았고, 생산성 향상을 비롯한 신소재, 개발, 디자인 개발 품질 향상 등 기술개발이 그 다음이었고 신속대응과 가격경쟁력이 많이 언급되었다. 이는 선두패션기업이 1990년대 중반 이후부터 시작된 선진수출시장에서의 급격한 수출감소와 함께 등장한 점차 격심해져 가는 세계적 경쟁에 대응하여 경쟁력 향상을 위해 즉 다양한 노력을 기울인 결과이라 사료된다. 특히 이는 한국패션산업에서 세계적 경쟁력을 위해 필수적인 요소라고 대답하였던 요소들과 관련된다. 즉 가격경쟁력, 신속대응능력, 제품기획력, 마케팅 능력, 국제화능력, 고부가가치를 위한 노력과 일치한다고 할 수 있다.

제4장

종합적 논의 및 결론

　　종합적 논의에서는 패션산업 및 기업의 세계화 추세는 어떠
하며 세계화된 산업환경에서 패션산업 및 기업이 세계적 경쟁
력을 갖추기 위해서 어떤 요소들이 필수적으로 요구되는지 논
의하였으며 이를 바탕으로 한국패션산업과 기업이 세계적 경
쟁에 대응하여 전개할 수 있는 대응전략을 제안하였다.

제1절 패션산업의 세계화 추세

세계화란 경제활동 영역과 공간의 세계적 확장을 의미하며 세계화가 일반적으로 산업에 미친 세계화 영향을 살펴보면, 국제무역과 해외직접투자, 세계적 조달의 증가, 세계적 경쟁의 확장과 심화, 세계적 분업의 효율적 구조 형성, 개발도상국 산업환경의 급격한 변화, 북미, 아시아, 유럽이라는 3개의 무역블록 형성을 가져왔다.

패션산업의 특성 중 노동집약적 특성은 패션산업을 오래 전부터 노동의 분리를 가져왔고 국제무역이 증가하면서 패션산업의 국제화의 동인이 되었다 최근 증대되고 있는 세계화 환경과 패션산업에서의 기술, 지식집약적 특성의 추구는 선진국을 기술, 지식집약적 패션산업으로, 그리고 개발도상국을 노동집약적 패션산업공정으로 분업화하는 분업적 구조를 형성케 하였다. 또한 대중적 표준제품 시장과 고부가가치 시장으로의 이분성은 또 다른 분업적 상품 공급구조를 가져왔다. 그러나 최근의 소비자와 패션의 빠른 변화는 빠른 대응을 요구하였고 이로 인해 지리적 근접성이 중요해졌다.

이 책에서는 패션산업에서 나타나고 있는 세계화의 영향을 문헌적 연구로부터 도출하였고 실증적 연구를 통해 다음과 같은 결과를 얻었다.

(1) 패션산업의 세계화 정도를 알아보기 위해 두 가지 방법으로 조사가 이루어졌는데 첫째 생산과 교역의 비교, 총교역과 패션산업교역의 비교, 총 해외직접투자와 패션산업 해외직접투자의 비교가 조사되었고, 둘째 패션산업에서 교역과 해외직접투자의 양적 증가와 지리적 확산이 조사되었다. 그 결과를 보면, 1990년에서 1999년간 패션산업에서 생산량이 산업분류에

따라 약간 증가하거나 감소하였으나 반면 1980년대에서 1999년간 교역량과 해외직접투자는 전반적으로 많이 증가하고 있었다. 패션산업에서 수출·수입의 지리적 분포를 살펴보면, 1980년대에는 주로 수출과 수입이 유럽에 치중되었으나, 점차적으로 아시아와 미주로 확장되었고 아프리카나 오세아니아는 1980년대보다 수출·수입이 더 축소되었다. 패션산업에서 해외직접투자의 지리적 분포를 FDI 유입에서 보면 1988년에는 선진국과 남·동아시아에 집중되어 있으나 1999년에는 남·동 아시아, 중남미, 동구 유럽에도 분포되어 있다. 그러나 개발도상국 중에서 여전히 남·동아시아에 1988년, 1999년 모두 집중되어있다. FDI 유출에서는 1988년에는 선진국과 아시아에서만 이루어지고 있으나 1999년에는 아시아, 중남미, 동구 유럽에서 모두 나타나고 있다.

즉 패션산업에서 생산량은 감소나 미약한 증가를 보이는 반면 교역량과 해외직접투자는 1980년대에 비해 최근에 이르기까지 전반적으로 많이 증가하고 있다. 패션산업에서 교역과 해외직접투자의 지리적 분포를 보면 1980년대에 유럽이 중심적이었으나 그 이후 점차적으로 아시아와 미주로 확장되고 있음을 나타낸다.

(2) 선진국에서 개발도상국으로 세계적 경쟁의 확대를 측정하기 위해 개발도상국 시장에서 선진패션산업국의 수출점유율 변화와 선진패션산업국의 해외직접투자 유출, 개발도상국의 해외직접투자 유입을 조사하였다. 연구 결과를 보면 선진국은 세계시장에서 전반적으로 점진적인 하락을 보였으나 개발도상국 시장에서 1990년대 이후 전반적으로 상승을 보였다. 이러한 결과는 문헌적 연구에서 나타났던 선진국에서 한정되었던 세계적 경쟁의 개발도상국으로 즉 전세계로의 확장을 지지하며, 또

한 Zhang(1997)이 언급한 1990년대 중반에 나타났던 무역의 역흐름 즉 패션산업에서 무역의 주된 흐름인 개발도상국에서 선진국으로의 무역 흐름에 역행하는 흐름이 1990년대 후반까지 지속되고 있음을 나타내준다. 패션산업에서 선진국의 FDI 유출액은 1988년과 1997년을 비교해보면 대체로 3배 이상 증가하였고 투자국의 수도 증가하였으나, 선진국으로의 FDI유입은 1988년에 비해 1997년에 2배 증가한 반면 개발도상국으로의 유입은 3배 이상 증가하였다. 그러나 개발도상국으로의 FDI 유입은 아시아와 중남미에 집중되었으며 1997년 이후에서야 동구 유럽으로의 유입이 이었다.

이러한 결과는 개발도상국 시장에서 선진국에 한정되었던 세계적 경쟁이 개발도상국으로 전세계로 확장되고 있음을 나타낸다.

(3) 패션산업에서 지리적 근접성과 무역블록의 중요성을 조사하기 위해 미주와 유럽의 근접국과 무역협정국을 중심으로 교역 증가를 조사하였다. 미주에서 근접국 간의 패션 및 어패럴제품의 교역현황을 보면 미국을 중심으로 한 교역의 경우 모두 증가하였으나 미국을 포함하는 않는 모든 교역에서는 대체로 모두 감소하고 있다. 미주에서 비관세협정국 간의 패션 및 어패럴제품의 교역현황도 근접국 교역현황과 매우 유사하게 나타나고 있다. 유럽에서 패션 및 어패럴제품의 교역 현황을 보면, 선진유럽국과 개도국 또는 동구 유럽 교역의 경우 증가하였으나 그 외의 교역 즉 선진유럽국간, 동구 유럽국간, 개도국유럽과 동구 유럽 간 교역에서는 감소를 나타내고 있다. 그러나 미주와는 달리 EEC, EFTA 내의 협정국 간의 교역에서 모두 감소를 나타냈다.

즉 이러한 결과는 미주와 유럽 내에서 나타난 주된 교역현상이 근접한(또는 비관세협정국 내의) 선진국과 개발도상국 간의 교역은 지속적인 증가를 나타내지만 그 외의 국가(지역)간의 교역은 감소함을 나타낸다. 이는 명제 2-3 즉 선진국과 개발도상국의 분업체제에서 보여주었던 일방무역이나 산업간 무역과는 대비되는 현상으로, 무역블록 내의 근접한 또는 비관세협정국 내의 선진국과 개발도상국은 상호간의 교역이 증가하고 있다. 이는 여러 가지 이유로서 설명이 가능한데 즉 해외가공 및 조립에 의한 산업 내 무역의 증가로서, 또는 선진국의 근접한 개발도상국으로 세계적 경쟁의 확장으로서 설명을 할 수 있다. 어떤 이유든지 이는 이론적 배경에서 언급하였던 패션제품의 노동집약적 특성과 패션시장의 이분적 특성, 제조산업의 국제화에서 나타나는 분업적 구조의 특성이 세계화의 영향으로 국제적으로 더욱 뚜렷하게 나타나고 있는 것이라 할 수 있다.

(4) 어패럴산업에서 선진국에서 개발도상국으로의 생산이동을 측정하기 위해 선진국, 신흥공업국, 개발도상국의 각 패션산업 생산지수, 고용율, 교역량을 측정·분석하였다. 1991-1998년간 어패럴산업에서 각 패션산업국의 생산지수 변화를 보면, 선진국에서 미국, 캐나다, 이태리 등 일부 나라를 제외하곤 전반적으로 생산지수가 감소하였으며, 신흥공업국인 한국, 홍콩, 싱가포르의 생산지수도 모두 감소하였으나, 개발도상국 패션산업국에서는 대체로 증가하였다. 또한 스페인과 노르웨이를 제외한 모든 선진국과 신흥공업국에서 패션산업의 고용율이 감소하였다. 그리고 세계 어패럴시장과 선진국 어패럴시장에서 선진국의 수출은 지속적으로 감소하였고 반대로 개발도상국의 수출은 지속적으로 증가하였다. 이러한 결과는 노동집약적 산업인 어패럴산업에서 20세기 이래 선진국에서 신흥공업국, 다시 후발개발도상국으로 선도권이 지속적으로 이동하고 있음을

언급한 여러 연구들의 결과를 지지하며 또한 선진국에서 저기술 노동집약적 제조산업에서의 시장점유율이 급격하게 감소하고 있음을 나타낸다. 이러한 현상은 전세계가 생산과 서비스의 세계화를 심화시키면서 산업 발전 패턴에서 야기된 변화라 할 수 있다. 이러한 산업발전 패턴은 무역 자유화, 자본 및 서비스, 기술의 전세계로의 이동에 의해 더욱 빠르게 변화되고 있으며 더 나아가 국가의 경계를 넘는 생산체계의 통합을 증가시키고 있으며 국제적 경제관계를 더욱 진보적으로 강화시키고 있다.

 (5) 패션산업에서 선진국과 개발도상국 분업구조를 조사하기 위해 선진국과 개발도상국 간의 일방-쌍방 무역 정도와 산업 내 무역지수를 측정하였다. 선진국과 개발도상국의 가공 무역이나 공정별 분업체제는 일방무역을 나타내거나 산업간 무역지수를 나타내어야 할 것이다. 연구 결과는 세계-선진국, 세계-개도국 간의 쌍방무역지수가 모두 0.1 이상이므로 쌍방무역을 나타내지만 선진국-개도국 간의 쌍방무역지수는 1993년 이후부터는 0.1 이상으로 쌍방무역을 나타내지만 이전에는 0.1 이하로 일방무역을 나타낸다. 세계화-선진국 간의 산업 내 무역지수는 0.6이상으로 산업 내 무역을 나타내지만 선진국-개도국 간의 산업 내 무역지수는 0.1-0.2로 산업간 무역을 나타낸다. 이러한 결과는 일반적으로 자본집약적 내지 고도의 기술적인 생산공정은 선진국에서 그리고 노동집약적 내지 표준적인 생산공정은 개발도상국에서 담당하는 수직적 분업형 산업구조를 지지한다. 이는 산업 내 무역의 결정요인으로도 설명 가능한데 즉 선진국과 개발도상국 간 경제규모의 차이가 크기 때문에 생산되는 제품에 차이가 있으므로 산업 내 무역이 활발하지 못함을 나타내며, 또한 선진국과 개발도상국 간 요소부존비율

(노동-자본)의 차이가 크므로 산업 내 무역이 활발하지 못함을 나타낸다고 할 수 있다.

그러나 1993년 이후 쌍방무역지수의 점진적인 증가는 선진국의 개발도상국으로의 수출의 증가를 나타내며 이는 선진국과 개발도상국 간의 패션시장의 이분성 즉 표준적 대량제품과 고부가가치의 분업구조를 나타내는 것이라 사료된다.

(6) 아시아 대륙에서 어패럴제품과 패션제품의 교역 현황의 결과는 한국, 홍콩, 대만(빅3)을 포함한 아시아 그리고 중동이나 서아시아 또는 일본과의 관계에서 아메리카 대륙이나 유럽 대륙에서 보여졌던 유사한 양상이 나타났다. 즉 한국, 홍콩, 대만 등 패션신흥공업국과 후발개도국 간의 교역에서 패션산업의 노동집약적 특성과 패션시장의 이분적 특성, 제조산업의 국제화로 나타난 분업적 구조가 미약하나마 나타났었다. 아시아 대륙에서 해외직접투자유입과 유출에 대한 연구결과도 위의 결과를 뒷받침한다. 즉 아시아 개발도상국 패션산업에서 신흥공업국으로부터 해외직접투자의 유입이 지속적으로 증가하고 있다. 이는 아메리카 대륙의 경우 **NAFTA**나 **SR**의 멕시코, **CBI** 국가 등의 아메리카 개발도상국과 미국, 그리고 유럽대륙의 경우 **OPT**(역외가공무역)을 하는 동구 유럽과 선진유럽의 관계에서 나타나는 유사한 관계가 아시아대륙에서 신흥공업국과 후발개도국 간에서도 나타남을 보여준다. 즉 가공 및 조립에 의한 산업 내 무역의 증가가 신흥공업국과 나머지 아시아 국가들 사이에서 나타나고 있다고 할 수 있다.

(7) 패션산업에서 개발도상국의 저생산비용 경쟁력과 선진국의 경쟁력의 증가를 조사하기 위해서 선진국과 개발도상국의 각 지역에 따른 전세계부가가치 분포(world distribution of value added) 그리고 생산지수, 수출량의 변화를 비교하였다. 1985년

에서 2000년간 패션산업의 전세계부가가치 분포를 보면, 동유럽을 제외한 일본, 북미, 유럽 선진국들의 부가가치는 전세계부가가치 중에서 60%를 유지하고 있으며, 직물산업에서 일본과 동유럽은 부가가치 점유율이 지속적으로 감소하였으나 북미와 유럽은 증가하였고, 어패럴·가죽·신발 산업에서 북미는 부가가치 점유율이 증가하였고 일본과 서유럽은 변화가 없었으며 동유럽과 기타 선진국은 감소하였다. 신흥공업국과 개발도상국은 직물산업에서 부가가치 점유율이 증가하고 있으나 어패럴 및 가죽, 신발 산업에서는 아시아 신흥공업국을 제외한 2세대 신흥공업국과 개발도상국에서 부가가치 점유율이 증가하였다. 1990년에서 1998년간 패션산업에서 지역별 생산지수를 보면, 전세계에서 직물의 생산은 증가하고 있으나 어패럴·가죽·신발의 생산은 감소하였으며, 직물산업에서 선진국은 지속으로 감소하였으나 개발도상국은 지속적으로 증가하였으며 어패럴·가죽·신발 산업에서 선진국의 생산은 20% 정도 감소하였고 개발도상국의 생산은 4% 정도 감소하였다. 1980년에서 1999년간 패션산업에서 전세계수출 분포를 보면, 패션산업과 어패럴산업 모두에서 선진국은 전세계수출시장 점유율이 지속적인 감소를 나타냈으며 개발도상국은 지속적인 증가를 나타냈다. 이상의 결과에서 살펴보면 패션산업에서 동유럽과 일본을 제외한 선진국에서 수출이나 생산은 지속적으로 감소되고 있지만 전세계부가가치 점유율에서는 감소하지 않고 있으며 특히 서유럽은 생산과 수출에서 감소를 보이지만 부가가치 점유율에서 증가하고 있으며 미국은 특히 1990년대 이후 생산과 수출, 부가가치 점유율에서 모두 증가하고 있다. 개발도상국 특히 일본을 제외한 아시아는 수출의 증가만큼 부가가치 점유율이 증가하지 않았음을 나타낸다.

제2절 패션기업의 세계화 추세

　기업의 세계화는 기업들이 시장국, 제품, 진출형태의 측면에서 국제적인 몰입(level of international involvement)을 점차 증대시키는 과정으로 기업이 지리적 범위, 사업범위, 기능범위를 세계의 여러 나라로 확대시키는 그리고 세계시장에의 참여방식을 다양화하는 과정이라 할 수 있다. 문헌적 연구로부터 패션기업에서 나타난 세계화 추세를 살펴보면, 패션기업은 수출이나 비용절감을 위한 단순 해외생산에서 세계적 조달로 지리적 범주 및 기업의 활동/기능을 확장시켜 세계시장 몰입 수준을 증대시켰으며 상품 공급 측면에서도 세계적 상품 공급전략과 네트워크화를 가져왔다.

　이 책에서는 문헌 연구로부터 도출된 패션기업의 세계화 추세를 실증하기 위해 한국패션기업을 대상으로 설문 조사하였고 이와 더불어 2000/2001 해외진출기업 디렉터리에서 관련자료를 조사하였다. 패션산업 및 기업의 세계적 경쟁력 향상을 위한 요소를 연구하기 위해서 위의 설문 조사에 그 내용을 포함시켰다. 한국패션기업의 세계화 추세와 한국패션산업의 경쟁력 향상을 위한 연구결과는 다음과 같다.

　(1) 한국패션기업의 지리적 범주 확장에 대한 조사결과는 한국패션기업의 해외진출이 아시아에 치중되어 있으나 미약하게나마 아프리카에 이르기까지 전세계에 진출하고 있었다. 특히 제조부문이 아시아에 매우 치중되었고 유통(무역)부문은 보다 전세계적으로 고르게 퍼져 있다. 어패럴 제조는 아시아 및 중남미, 러·동구의 저비용 지역에 주로 분포되고 있으나 섬유제조는 아시아와 북미에 분포되었다. 연도별 대륙진출 현황을 보면 해외진출이 급격히 증가하기 전인 1987년 이전에는 대체로

북미, 중남미, 유럽, 중동에 진출을 많이 하였으나 해외진출이 급격했던 1988년-1997년까지는 집중적으로 아시아에 진출을 많이 하였는데 이는 아마도 국내에서 생산비용이 급증하면서 생산비용이 저렴한 아시아로 생산이전을 하였기 때문이다. 1998년 이후에는 1994년 이후 대미 수출이 급격히 감소하면서 북미수출시장을 위해 중남미에 그리고 유럽수출시장을 위해 러·동구가 진출이 많아졌다. 대륙별 진출형태를 살펴보면 현지법인은 아시아와 러·동구에서 많으며, 지사 및 지점과 연락사무소 및 대표사무소는 북미와 유럽, 중동에 많으며, 해외직접투자는 아시아와 중남미에 많았다. 이는 선진패션산업국인 북미나 유럽 시장에 대해서는 수출이나 판매를 위한 지사/지점, 대표사무소/연락사무소들이 많이 진출하였고 생산비용이 저렴한 개발도상국인 아시아와 중남미, 그리고 최근에 등장한 러·동구에 대해서는 해외생산과 판매를 위한 현지법인 및 해외직접투자가 많이 진출하였음을 나타낸다.

  (2) 한국패션기업의 조달 영역의 확장 즉 패션산업의 노동집약적 특성에 기인한 생산의 조달에서 원부자재를 비롯하여 제품 및 디자인 기획, 연구개발, 판매, 유통 등으로 조달 영역의 확장을 조사하기 위해 우리나라의 선두패션기업을 대상으로 설문 조사 하였다. 그 결과, 생산 활동의 해외이전은 설문기업의 88%가 이미 실행하고 있었으며 생산기능 이외의 기업활동의 해외이전은 설문기업의 52%가 실행하고 있으나 대체로 원부자재와 판매부문에 치중되었고 제품 및 디자인 기획, 연구개발, 유통부문은 미비하였다. 연구개발이나 유통부문의 미비는 신흥공업국인 한국패션기업의 규모와 산업특성에 때문인 것으로 사료된다. 즉 한국패션기업이 단순 OEM 생산방식의 수출산업에서 벗어나 혁신의 단계로 진입하지 못하였기 때문이다.

(3) 한국패션기업의 세계화 현황을 살펴보면, 한국패션업체는 1960년대부터 해외진출을 시작하여 1987년부터 해외진출이 급격히 증가하였으며 1990년대 전후하여 점차 감소하였다. 1987년 이전에는 지점/지사, 연락사무소/대표사무소가 다른 시기보다 많았으며, 그리고 해외진출이 급격했던 1988-1997년에는 해외직접투자가 다른 시기보다 많았으며, 1998년 이후에는 현지법인이 다른 시기보다 많았다. 특히 한국 선두패션기업의 해외진출형태를 살펴보면, 선두패션기업들의 80% 이상이 수출, 해외생산, 해외직접투자 등에서 복수 진출형태로 해외시장에 진출하였으며, 기업의 세계화 과정에서 언급되었듯이 해외진출형태가 세계화 과정의 초기에 등장하는 간접수출에서 벗어나 직접수출과 해외생산으로 가장 많이 진출하였고, 더욱이 현지생산법인에 의한 해외생산이 44%, 해외직접투자가 80%에 이르는 것으로 나타나 세계화의 정도가 세계화 단계에 이르지는 못했지만 많이 진척된 것으로 보인다.

이는 이론적 배경에서 언급되었던 것처럼 기업의 세계화 진행에 따른 해외진출형태의 변화를 보여주는 것으로 한국패션기업의 세계화는 수출시장지향단계를 넘어 해외직접투자단계(원종근, 1999) 즉 현지판매법인에 의한 직접수출단계나 현지활동을 통한 해외직접투자단계로 세계화 정도가 진행하고 있음을 나타낸다. 한국 선두패션기업들은 해외에서 독자적인 마케팅 채널을 형성하고, 현지시장을 대상으로 직접마케팅활동을 전개하며, 무역장벽과 같은 시장의 위협요소에 대응하거나 현지특유의 입지우위를 활용하기 위해 생산부문을 해외로 이전(최철, 1991)하고 있다고 할 수 있다.

한국 선두패션기업들의 최초 해외진출동기와 최근 해외진출 및 확장동기에 대한 조사결과를 보면, 최초 해외진출동기는 가격경쟁력과 수출에 의한 해외진출이 가장 많았고, 최근 해외진출 및 확장의 동기는 여전히 노동력 확보/저임금이 **83%**로 가장 많았고, 그 다음으로 해외시장기반구축, 국제화/세계화 대비, 원부자재 조달의 효율성 순으로 많았다. 이는 선두패션기업들이 초기 해외진출형태인 수출이나 생산경비 상승에 따른 생산의 해외이전 즉 초기진입단계에서 벗어나 기업의 국제화나 세계화에 대한 필요성을 인식하고 지역시장의 확장을 시도하고 있음을 나타난다

(4) 패션기업의 세계적상품 공급전략을 측정하기 위해 한국선두패션기업을 대상으로 설문 조사한 결과를 보면, 한국선두패션기업의 **85%**는 세계적 패션상품 공급을 실행하고 있으며 세계적 상품 공급을 위해 세계적 조달하고 있는 활동들은 원부자재공급(**73%**), 완제품공급(**53%**), 생산(**56%**) 등으로 대체로 생산과 관련된 활동들 이었다. 한국선두패션기업의 **70%**에 해당하는 기업들이 세계적상품 공급전략을 위해 국가나 지역을 다르게 선택한다고 하였으며, 세계적 상품전략에서 국가나 지역을 다르게 선택하는 이유는 저비용(**78%**), 품질(**57%**), 신속대응(**36%**), 전문성(**32%**) 순이었다. 그러나 세계적상품 공급전략에서 국가 결정 시 주된 기준으로 패션성이나 색채 및 스타일이 선택되지 못한 이유는 아마도 한국패션기업들이 아직 저비용 위주의 패션제품에 주력하기 때문이다. 고부가가치 상품의 전환을 위해서는 상품 공급전략에서 품질 외에 패션성이나 디자인, 색채, 납기, 물량 등에 대한 고려가 있어야 할 것이다.

한국선두패션기업이 세계적 상품 공급전략에서 중요시하는 요소들은 가격(**90%**), 품질(**80%**), 시간(**63%**)이었는데, 가격요소가 중요성이 큰 이유는 패션산업에서 격심한 세계적 경쟁으로 인해 전반적으로 나타나는 현상이며, 품질 및 시간요소는 세계

화로 인해 패션상품 공급사슬 구조가 보다 복잡하고 길어짐으로써 즉 한국패션기업들이 아시아나 중남미, 러·동구로 생산기지를 이동한 결과이며, 품질의 경우 고부가가치로의 상승 이유도 있다. 세계적상품 공급전략에서 품질과 시간요소에 대한 한국선두패션기업들의 해결방안을 살펴보면, 시간요소의 경우 '근접지역/국가에서 소싱/판매 파트너 선정'과 '신속대응체제 실행'이 주된 해결 방안이었고, 품질요소의 경우 '품질통제를 위한 소싱/판매 파트너와의 직접적인 커뮤니케이션'과 '적합한 소싱/판매 파트너 선정'이 주된 해결 방안이었다.

그러나 최근 세계적 상품 공급전략에서 신속대응과 함께 등장하고 있는 공급체인 내의 구성원들 간의 네트워크화에 대한 인식은 매우 부족함을 나타내었다. 특히 한국 선두패션기업들에게 협렵업체(원부자재에서 판매에 이르는)와의 관계에 대해 설문 조사한 결과를 보면, 앞에서 언급하였듯이 협력업체들과의 네트워크화에 대해 중요하게 인식하고 있지 않았다. 협력업체와의 관계에서 신뢰가 가장 중요한 것으로 여기고 있었지만 네트워크 협력관계에서 가장 중요하게 나타나는 '정보·기술·노하우 공유', '정보의 네트워크화', '네트워크 배치나 연계'는 점수가 보통이다(3점) 수준에 머물러 있었다.

(5) 패션산업 및 기업의 세계적 경쟁력 향상을 위한 필수 요소를 연구하기 위해 3유형의 질문이 조사 되었는데 그 결과를 살펴보면, 우선 한국 선두패션기업이 최근 세계적경쟁에 직면하여 취하였던 대응방안을 분류 요약하면 국제화(해외생산, 해외생산기지, 해외지사 설립, 세계적 조달, 원부자재 공급처의 국제화)와 관련된 문항이 가장 많았으며, 그 다음으로 기술개발(신소재 및 디자인 개발, 품질 향상, 생산성 향상 등)과 신속대응, 가격경쟁력이 많았으며 그 외에 정보공유, 다품종화, 차

별화 이었다. 두 번째, 한국 선두패션기업들의 핵심경쟁력은 품질, 가격이었고 인적자원과 신속대응 능력이 그 다음이었다. 이는 오랜 역사를 지닌 한국패션산업 특성과 최근의 세계적 경쟁에 대응하려는 노력에 기인한 경쟁력이라 생각되며 고부가가치를 위한 경쟁력 즉 제품기획력, 전략적 포지셔닝, 마케팅 및 유통기술, 국제화 능력이 아쉽다고 할 수 있다. 셋째, 한국 선두패션기업들이 응답한 한국패션산업의 세계적 경쟁력 향상을 위한 중요한 필수요소는 가격경쟁력, 신속대응능력, 제품기획력, 마케팅능력, 국제화능력, 고부가가치 순이었다.

이상의 세 가지 질문에서 한국 선두패션기업의 세계적 경쟁력을 살펴보면, 우선 한국 선두패션기업들의 핵심경쟁력은 품질, 가격이 주된 요소이며 부차적으로 인적 자원과 신속 대응이었으며 최근의 격심해진 세계적 경쟁에 대응하여 한국 선두패션기업들이 취하였던 방안은 국제화, 기술개발, 신속대응, 가격경쟁력 등이었다. 이는 선두패션기업이 1990년대 중반 이후부터 시작된 선진 수출시장에서의 급격한 수출감소와 함께 등장한 격심한 세계적 경쟁에 대응하여 경쟁력 향상을 위해 기울인 노력의 결과이다. 이것들은 한국패션산업에서 세계적 경쟁력을 위해 필수적인 요소라고 대답하였던 요소들 즉 가격경쟁력, 신속대응능력, 제품기획력, 마케팅능력, 국제화능력, 고부가가치를 위한 노력과 관련된다.

이상의 결과를 요약하면 패션산업의 세계화 추세는 첫째, 패션산업의 세계화 추세는 패션산업에서 전반적으로 무역과 해외직접투자가 증가되고 있었으며 과거 유럽 중심에서 1990년대 이후 점차 아시아, 미주로 확장되고 있었으며 선진국에 한정되었던 세계적 경쟁도 전세계 개발도상국으로 확장되고 있다. 둘째 패션산업에서 일반적으로 자본집약적 내지 고도의 기술적인 생산공정은 선진국에서 그리고 노동집약적 내지 표준적인 생산공정은 개발도상국에서 담당하는 수직적 분업형 산업구조가 확산되고 있으며 더욱이 세계적공급체인에서 디자인, 마케팅과 같은 상부 활동과 제조와 운송과 같은 하부 활동의 분리, 그리고 고부가가치 제품과 대량적인 표준제품의 이원적 조달 등으로 효율적인 세계적 분업체제를 형성하고 있다. 아시아에서도 선진국과 개발도상국 간에서 보여진 분업체제 현상이 즉 신흥산업국과 후발개도국 간에도 등장하고 있다 셋째 세계적 분업체제나 세계적 상품 공급전략은 시간, 품질, 커뮤니케이션 등 여러 문제점을 야기하고 이로 인해 지리적으로 근접한 그리고 비관세협정으로 무역 입지를 확고히 할 수 있는 비관세협정을 맺은 선진국과 개발도상국 간에 교역이 증가하고 있다. 다섯째 패션산업에서 개발도상국은 저생산비용 능력으로 생산과 수출에서 지속적으로 증가를 나타내고 있지만 북미나 서구 유럽의 패션선진국 핵심능력 또한 전세계부가가치 점유율을 유지나 증가시키고 있다.

패션기업의 세계화 추세를 살펴보면, 세계화의 동인은 패션기업의 세계화 즉 세계적 조달의 지리적 범주 및 활동영역을 확장시켰다. 이에 따라 상품 공급전략에서 세계화를 가져왔으며, 세계적상품 공급전략은 상품구색과 범주의 확장, 단위 생산비용의 감소로 인한 가격경쟁력 유지 등의 장점을 가져다 주었지만 원거리의 생산과 판매로 인해 품질, 시간 요소를 더욱 중요한 문제로 등장시켰다. 이에 대한 해결방안으로 그리고 각 공정별, 기능별로 분리된 세계적상품 공급체인의 효율적인 통제와 관리를 위해 네트워크화가 매우 중요해지고 있다.

한국패션산업의 세계화를 살펴보면, 1970년대 수출에서 시작하여 1990년대 초반 생산경비의 상승에 따른 해외생산, 그리고 해외직접투자, 현지법인 설립 등으로 이어졌다. 특히 1990년대 중반 이후부터 시작된 선진 수출시장에서의 급격한 수출감소와 함께 등장한 격심한 세계적 경쟁에 대응하여 경쟁력 향상을 위해 다양한 측면(가격경쟁력, 신속대응능력, 제품기획력, 마케팅 능력, 국제화능력, 고부가가치를 위한 노력)에서 노력을 기울여왔다. 현재 한국패션기업의 세계화 정도를 한국 선두패션기업을 중심으로 살펴보면, 진입초기의 수출이나 생산경비 상승에 따른 생산의 해외 이전에서 벗어나 기업의 국제화/세계화의 필요성을 인식하고 지역시장 확장을 시도하는 것으로 나타난다. 즉 수출시장 지향단계를 넘어 현지 판매법인에 의한 직접수출단계나 현지활동을 통한 해외직접투자단계로 국제화 정도가 진행되었음을 알 수 있다. 그러나 한국패션기업이 저임금 우위요소를 바탕으로 한 생산판매능력생산단계에서는 벗어났으나 아직도 생산에 초점을 맞추고 있다.

제3절 세계화 환경에서 한국패션기업의 대응 전략

WTO의 체제 실행으로 2005년의 MFA철폐로 인해 보다 격심한 세계적 경쟁이 예상되는 세계화 산업환경에서 한국패션산업 및 기업의 세계적 경쟁력 향상을 위한 요소와 세계적 대응 전략을 다음과 같이 제안하고자 한다.

1. 한국패션기업의 세계적 경쟁력을 위한 필수요소

세계화 환경에서 한국패션산업 및 기업의 세계적 경쟁력을 위한 필수요소는 실증적 연구에서 확인하였던 것처럼 기업의 국제화/세계화 추구, 가격경쟁력과 고부가가치 경쟁력의 동시적 추구, 신속대응 능력과 네트워크화 능력, 제품기획력 및 마케팅, 유통 능력 이었다.

우선 기업의 국제화/세계화 추구는 국내외적으로 격심한 세계적 경쟁 하에 있는 모든 기업들에서는 필수적이다. 연구의 문헌적 연구와 실증적 연구에서 이미 언급되었던 것처럼 기업 세계화의 요인과 동인은 매우 다양하며 이는 기업으로 하여금 국제화/세계화를 필수적이게 한다. **Daniel et al(2002)**은 기업의 세계화(세계적 경영)의 필수성에 대해 이용 가능한 자원, 비용, 비교우위의 세 가지 측면에서 설명하고 있다. '나라에 따라 이용 가능한 자원이 다르므로 획득된 우위에서 다르게 되며, 상품과 서비스에 따라 생산에 투입되는 요소들 즉 전문화된 노동기술, 자본 차입, 기계류, 설비, 전력, 지대 등에서 차이가 나며 복잡한 이유로 이러한 투입요소의 비용은 나라에 따라 다양하다. 따라서 개인, 기업, 국가가 생산성과 이윤에서 극대화를 추구하면서 상품과 서비스의 생산에서 전문성을 획득하기 위해 개별 국가의 자원을 이용하려 할 때 국가의 비교우위에 따라 생산을 하게 된다'**(p.4-5)**. 한국선두패션기업의 세계화는 현지 판매법인에 의한 직접수출단계나 현지활동을 통한 해외직접투자단계로 많은 진행이 이루어졌지만 비교우위에서 개발도상국에 뒤떨어지는 생산 중심적 위치에서 벗어나지 못하였으므로, 범세계적 단계로 이르기 위해서는 비교우위를 가질 수 있는 디자인과 마케팅과 같은 고부가가치 부문에서 집중적으로 노력하고 생산의 범 세계화를 이루어 범세계적 생산과 판매의 네트워크를 이루어야 하겠다. 그러기 위해서는 해외시장 정보와 경험이 필수적이고 그리고 초기 진입단계에서 이루어진 학습과 경험을 바탕으로 기업특유우위를 유지하면서 지리적 범주와 경영범위를 확장해야 한다. 그러나 아직 한국패션기업은 아시아에 치중되어 있으므로 보다 다양한 진출형태로, 다양한 상품으로, 다양한 지역으로 확장을 시도하여야 하겠다.

둘째, 세계화 환경에서 세계적 경쟁력을 갖춘 최고 기업이 되기 위해서는 가격경쟁력과 고부가가치 경쟁력 추구가 모두 동시에 추구되어야 한다. 이는 제조기업을 포함한 모든 기업의 공통적으로 기본적인 기업이 추구하는 바로 매우 실현하기 어려우므로 패션산업에서는 대량적 표준제품과 패션지향적 고부가가치 제품으로 이분하는 경향이 있다. 그러나 세계적 경쟁력이 격심해지면서 세계의 최고 일류 세계적 패션기업들은 창의적이고 지식 기반적인 두뇌 기능 부분 즉 상표관리와 관련된 상부 활동들에 핵심경쟁력을 집중하고 생산과 운송과 같은 물리적 부분들을 지리적으로 분산시킴으로써 그리고 생산기술의 혁신을 통해(그러나 패션 특히 어패럴에서 생산기술의 혁신에 의한 생산성 향상은 본질적으로 한계가 있으므로) 가격경쟁력과 고부가가치 경쟁력을 동시에 추구하고 있다. 한국패션산업은 1990년대 중반 이후부터 가격경쟁력에서 후발개도국에 뒤지므로 고부가가치로의 향상에만 집중하는 경향이 있는데 본 연구자는 가격경쟁력을 위해 다양한 지역의 개발도상국으로 생산시설 이동을 통해 가격경쟁력을 유지하면서 고부가가치를 함께 추구하는 것이 바람직하다고 생각한다. 이를 위해서는 패션기업의 세계화 능력 즉 세계적 경영 능력이 필수적이며, 패션산업에서 상부활동과 하부활동의 국제적 분업체제의 효율성 추구가 필수적이다.

셋째, 한국패션산업 및 기업의 국제화 그리고 가격경쟁력과 고부가가치 경쟁력의 동시 추구를 위해서는 기술혁신이 필수적인데 특히 신속대응 능력과 네트워크화 능력이 매우 중요하다. 즉 패션산업 및 기업의 국제화로 인해 섬유의 생산에서 완제품의 판매에 이르기까지의 패션상품 공급체인이 매우 길고 복잡하므로, 그리고 패션상품 공급체인 내의 구성원들이나 전략적 파트너들이 전세계적으로 구성되므로 패션산업 및 기업에서는 신속대응과 네트워크화 능력을 필수적이다. 신속대응 능력과 네트워크화 능력의 이점은 여러 연구(Notan and Condotta, 1997; 김병순 외 6인, 1995; Popp et al, 2000)에서 지적되고 있는데, 최근 산업 전반에 걸쳐 요구되고 있는 전문성, 유연성, 반응성을 향상시킬 수 있는 기반이 되고, 세계화로 인해 상품 공급사슬에서 문제시 되고 있는 시간과 품질 요소의 통제에 가장 효율적이며, 기업의 규모에 관계없이 모두 생산과정, 계획과 조정, 재정, 소매유통 등 어디에든지 개별 패션기업의 핵심 경쟁력에 집중할 수 있게 한다. Kilduff & Priestland(2001)은 현재 급변하는 환경의 변화에 맞춰 미국 패션산업의 변신을 언급하면서 글로벌 환경에서 성공을 위한 주된 요소는 긴밀한 공급체인 네트워크를 창출하기 위해 다른 기업들과 제휴를 맺는 것이라 하였다.

마지막으로 여러 연구들에서 한국패션산업과 기업에서 가장 취약점이므로 세계적 경쟁을 위해 개선해야 할 요소라고 언급되었던 제품기획력 및 마케팅, 유통 능력이다. 한국패션산업은 역사적으로 저임금을 우위요소로 한 생산판매능력에 주력하여 다른 신흥공업국 경우에서처럼 현재의 패션산업을 일으켰으며 이는 후발개도국에 의해 쉽게 전이될 수 있는 것이므로 한국

패션산업 및 기업의 세계적 경쟁력을 향상하기 위해서는 후발개도국이 쉽게 따라잡기 힘든 패션산업의 활동 즉 세계적 제품기획, 마케팅 특히 세계적 마케팅(Global marketing), 세계적 유통 특히 세계적 로지스틱스(Global logistics) 등의 개발에 노력해야 한다.

2. 한국패션기업의 세계적 대응 전략

한국패션산업 및 기업은 위에서 언급하였던 세계적 경쟁력 요소를 바탕으로 다음과 같은 세계적 대응 전략을 전개할 수 있다.

첫째는 선진패션산업시장과 개발도상국 패션산업시장에서 세계적 경쟁을 위해 차별적 전략 추구하여야 한다. 유럽과 북미 시장을 위해서는 근접한 또는 비관세협정국에서의 생산 이전을 비롯한 가격경쟁력에 중점을 둔 기존의 수출마케팅 전략을 유지하여야 하고, 아시아 시장에서는 신흥공업국과 후발개도국간의 무역패턴이 새롭게 등장하고 있으므로 생산능력판매가 아닌 창의적이고 지식 기반적인 두뇌 기능들의 수출 그리고 동시에 현지생산과 판매를 통한 아시아 현지시장의 확장과 확고한 기반구축을 목표로 해야 한다. 또한 아시아를 비롯한 개발도상국 시장에서는 기존 진출 사업의 효율성 증대에 초점을 맞추고 핵심시장에 대한 설비와 유통망 구축 등 투자확대를 면밀히 관찰하여 대응하여야 하고 지역경제를 잘 파악하여 현지생산투자와 수출확대를 지원하는 유통망 구축을 결정하여야 한다.

둘째, 해외조달과 지역제조에서 차별적 전략을 추구하여야 한다. Daniel et al(2002)은 세계적 생산에서 중요한 이슈는 비용 효율적인 생산, 상품의 품질 수준, 납기 속도, 제조과정의 유연성, 혁신의 중요성 등으로 만약 기업의 경쟁적 전략이 저비용 상품의 빠른 제공이라면 관리자는 잠재적 공장 위치를 저비용 노동력, 값싼 대지 및 원료, 좋은 운송체계 등을 갖춘 곳을 탐색해야 하며 만약 짧은 상품생명주기에 혁신성이 기업의 경쟁적 전략이라면 보다 신뢰할 수 있는, 빠른 커뮤니케이션, 고기술의 민첩한 노동력을 갖춘 곳에서 생산이 이루어져야 한다고 하였다. 따라서 해외조달은 선진 시장 및 해외시장 진입, 저비용, 대량적 표준품의 특성을 갖는 시장에서 현지공급업자와의 전략적 제휴나 세계적 공급체인의 네트워크화를 통해 성장가능성을 추구하여야 하며 지역제조 즉 국내에서의 제조는 유연성, 빠른 반응, 단납기 등의 특성을 갖는 시장에서 국내 상품 공급체인 내에서 특정 조건의 범위를 수행하여 재정적으로 성장가능성(McLaren, 2002)을 차별적으로 추구하여야 한다. 이는 제조부문의 국제적 하청(sub-contracting)이나 조달에 대한 직접적인 몰입이나 의존을 감소시킬 수 있으며 패션업계에서 우려하는 해외생산 이전에 따른 국내 산업공동화 현상을 다소나마 방지할 수 있다.

셋째, 우리나라 패션산업이나 기업에서는 상품 포트폴리오를 다각화하여 시장의 범위를 확장시켜야 한다. 세계화는 세계적 소비자들로 하여금 점차 사용 가능한 상품의 다양성을 추구하게 하고(Daniel et al, 2002) 있고 특히 패션 소비자들은 빠른 패션주기로 그리고 세계적 상품 공급으로 인해 매우 다양화되고 있다. 따라서 국내·외 시장에서 상품의 범주를 확장하고 다각화하여야 한다. 이외에 경쟁 우위 확보를 목적으로 하여 정보 집약적이고 고기술적인 제품(직물이나 어패럴)과 노동집약적 제품(생산공정, 대량적 표준제품)의 생산과 판매를 차별적으로 그리고 지리적으로 분산시키고 이를 상품 공급관리 차원에서 조정(coordination)과 통제(control)하여야 한다. 정보 집약적이고 고기술적 제품은 고기술을 갖춘 선진패션산업이나 국내에서 제품개발과 생산하고 노동집약적 제품은 개발도상국에서 생산하며 판매는 다양한 유통망의 개발을 통해 다원화하여 전세계에 유통할 수 있도록 시도하여야 한다.

그리고 마지막으로 전세계 패션산업과 기업에서 진행 중인 조직의 재구조화에 빠르게 합류하여야 한다. 세계화는 국제화 과정이 진행된 이래 생산기능의 재위치와 같은 단순한 과정에서 세계적 조달과 상품 공급채널 전략에서의 변화를 가져왔으며 이는 패션산업에서 조직의 재구조화를 점진적으로 진행시켰다. 패션산업에서 의류 제조업자들을 중심으로 진행되고 있는 재구조화(restructuring) 현상은 선진 국가들에서 1970년대부터 심한 경쟁 압력으로 인해 발생하였던 패션산업 내의 변화에 대응하기 위해 나타난 현상이라 할 수 있다(Kilduff, 2000). 이러한 재구조화는 패션산업의 특성 즉 조직적으로, 공간적으로 쉽게 경영이 분리되는 특성으로 보다 용이하게 공급사슬구조의 끊임없는 포기 또는 재형태화 그리고 동시에 새로운 형태의 출현을 가져오는 것이다(Popp et al, 2000). 재구조화는 기업의 내부적 차원에서만 일어났던 것이 아니라 기업의 외부적 차원에서도 재구조화를 발생하였다. 기업 내부 활동이나 기능단위의 분리뿐만 아니라 생산과 판매 네트워크, 세계적 공급사슬 등은 이러한 재구조화의 한 현상이라 할 수 있다. 세계화에 따른 조직의 재구조화는 조직의 규모에서도 변화를 야기한다. 즉 Walwyn(1997)은 세계 시장에서 기업의 규모는 성공의 선행조건이 아니며, 전세계경제가 보다 많이 개방될수록 중소규모의 기업이 우세할 것이다라고 주장하였다. 세계규모로 상품을 디자인, 개발, 생산, 판매하는 기술은 공급구조를 재고려 할 필요성을 함축하지만 기업의 규모가 필수적이지 않다. 오히려 다음과 같은 조직의 재구조화를 필요로 한다: 조달과 판매 목적을 위해 선택된 지역의 파트너와의 전략적 제휴: 디자인에서 판매까지의 전과정을 각 단계별로 개별적으로 전문화하고 전과정을 연결하는 '가상의 실재(virtual entity)를 창출. 따라서 전 세계 패션산업에서 진행 중인 조직의 재구조화에 조직 내의 구성원으로써 또는 내부조직의 재구조화를 단행함으로써 합류하여야 한다.

제4절 연구의 제한점 및 후속연구를 위한 제안

이 책은 세계화라는 개념을 바탕으로 패션산업 및 기업에 미친 영향을 거시적 관점에서 살펴본 연구라서 여러 제한점을 갖는다.

우선 세계화라는 개념 자체가 매우 다양한 분야에서 다양한 시각으로 논의되고 있고 아직도 진행 중인 현상이어서 완성된 개념의 형태를 추정하기 매우 어렵다. 따라서 이 책에서는 세계화의 개념을 경제적 개념 더욱이 경제활동의 영역과 공간의 확장이라는 개념으로 한정하고 연구의 바탕으로 삼고 있으므로 다양한 관점을 포괄하지 못하는 한계가 있다. 특히 이 개념을 기초로 하여 패션산업 및 기업에 미친 영향을 조사 연구한 것이라 다른 다양한 측면의 영향에 대한 논의가 부족하며 특히 연구결과에 대해 다른 관점에서 다양한 논의가 있을 수 있다.

둘째, 이 책에서는 패션산업의 세계화 추세를 실증함에 있어 세계화의 정의를 경제활동 영역 및 공간의 확장이라 조작적으로 정의를 하고 세계화를 측정함에 있어 세계화 지표로서 해외직접투자와 교역을 사용하였다. 사실 계량적 측정이 가능한 범세계적 자료를 얻는데 한계가 있었으므로 해외직접투자와 교역만을 지표로서 이용하였지만(대다수 연구에서 세계화 지표로서 사용하지만) 이 측정은 경제활동 영역을 모두 포괄한다고 할 수 없다.

셋째, 세계화가 패션산업 및 기업에 미친 영향과 세계적 경쟁력 향상을 위한 필수 요소에 관해 매우 거시적으로 살피고 있으므로 연구 조사 해야 할 개념들과 정의들, 현상들이 매우 많다. 이러한 이유로 이들을 모두 깊이 있게 살피지 못하고 매우 한정된 범주에서 피상적으로 살피고 있으므로 각 개념이나 정의, 현상들에 대한 이 책의 조사가 논란의 여지가 있을 수 있다.

넷째, 이 책의 실증적 연구 중 한 부분인 설문 조사에 있어 설문 조사의 대상이 수출입 매출액과 지명도가 높은 기업들을 대상으로 하고 있어 매우 표본이 한정되고 일반적인 기업이라기보다는 선두기업들로 편중되어 있다. 따라서 설문 조사의 결과로 등장한 기업의 국제화 부분을 일반적인 한국패션기업의 국제화로 확장 해석하는데 무리가 있다. 그러나 한국 선두패션기업에 속한 기업 연구이므로 한국패션기업의 선도적인 방향으로 보는 데는 무리가 없을 것으로 생각된다.

이 책에 이어 다음과 같은 후속연구가 이루어져야겠다. 우선 이 책에서 문헌적 연구에서 언급되었지만 실증적 연구에서 포함하지 못했던 연구들 즉 한국을 포함한 신흥산업국과 개발도상국 패션산업의 고부가가치에 관한 연구를 이루어져야겠다. 실증적 연구에서 고부가가치 연구를 위한 개발도상국의 자료가 안정성이 없고 부족하기 때문에 어려움이 있겠지만 선진패션산업과 신흥공업국, 개발도상국 간의 고부가가치 비교 그리고 비교 결과, 결과에 대한 정확한 원인의 진단과 대책방안의 강구는 앞으로 패션산업 및 기업에 실질적인 대책을 강구하는 데 도움이 될 것이다.

둘째, 문헌적 연구에서 미비하게나마 언급되었던 세계화에 의한 패션산업 및 기업의 재구조화에 대한 연구도 필요하다. 세계화는 경제활동의 영역과 공간을 세계적으로 확장 시키고 따라서 기업은 지리적 범위, 사업범위, 기능범위를 세계적으로 확장 시키고 있다. 이는 세계화가 패션산업 및 기업 조직 구조적 변화가 필수적으로 야기하고 있음을 의미한다. 따라서 한국패션산업과 기업에서 세계화로 인해 재구조화가 어떻게 진행되었고 빠르게 변화하고 있는 세계적 환경에서 재구조화의 적합성에 대한 연구가 이루어져야겠다.

셋째, 패션산업에서 기업국제화는 오래 전부터 해외생산과 수출이라는 해외진출방법으로 그리고 뒤늦게 해외직접투자에 의해 실행되어왔다. 그러나 패션기업의 국제화에 따른 성과에 대한 연구는 미비한 실정이며 특히 성과적 측면에서 해외직접투자와 해외생산, 수출의 관계에 대한 연구가 앞으로 이루어져야 하겠다. 기업의 국제화 성과는 어떠한 요인들이 포함하며 각 요인 별 성과수준이 어떠하였는지는 앞으로 한국패션기업의 국제화, 더 나아가서 세계화에 큰 도움이 될 것이다.

마지막으로 이 책은 연구의 제한점에서 언급되었듯이 많은 내용이 포함되는 거시적 개념을 다루고 있으므로 다양한 개념들이 등장하지만 피상적으로 다루어져서 후속 연구에서 이 개념들에 대해 보다 깊이 있는 연구가 이루어져야 하겠다. 즉 패션산업에서 수출과 해외직접투자 관계, 선진국과 개발도상국의 핵심경쟁력, 선진국과 개발도상국 간의 수직적 분업구조, 세계적 상품 공급사슬, 세계적 상품 공급사슬 내의 또는 생산과 판매의 네트워크화, 상품 공급사슬 관리 등에 대해 보다 깊이 있는 연구가 이루어져야 하겠다.

참 고 문 헌

국내 참고문헌

김대영(2000). 서울시 고차생산자 서비스업의 입지와 생산네트워크의 공간적 특성- 광고관련산업을 중심으로-. 서울대학교 대학원 박사학위논문.

김미숙과 홍성인(1996). 섬유기계산업의 수요환경 변화와 대응전략. 서울: 산업연구원.

김병순 외 6인(1995). 한국기업의 국제경영전략사례. 서울: 서울경제경영.

김병학 외(1997). 무역학원론.

김상진(1999). 기업의 국제화에 따른 제조전략 및 제조관행의 변화와 제조성과에 미치는 영향력 연구. 서강대학교 석사학위논문.

김석현(1999). 조직간 네트워크체제의 발전방안에 관한 연구- 국제교육교류업무 관련조직을 중심으로-. 동국대학교 대학원 박사학위논문.

김재철(1999.4). 21세기 경영전략과 글로벌 스탠다드. 상장협회 원고.

김일경 외 5인(2001). 세계화, 정보화 시대의 경제와 생활. 서울: 법원사.

김완순 외(2000). 세계경제와 국제통상. 서울: 무역경영사.

김용주(1999). 한국의류산업의 범세계적 조달전략 결정요인에 관한 연구. 한국의류학회지, 23(1), 42-53.

오마에 겐이치(1991). 세계경제는 국경이 없다. 김용국(역). 서
    울: 시사영어사.

김칠두(2002. 5.). 경제상황 인식과 섬유패션산업 발전방안. 제
    84차 경영정보 조찬강연회. http://www.kofoti.or.kr/bbs/data

김형근(2000). 성숙기 가정산업의 성장을 위한 글로벌 전략. 한
    국과학기술원 석사학위논문.

대한무역투자진흥공사(1999.12.). 주요 국의 중소기업 국제화
    전략. 대한무역투자진흥공사, 시장조사 현안 리포트99-9.

민경휘 외 6인(1996). 세계화시대의 산업정책. 서울: 산업연구원.

문휘창(1998). 국제경쟁력의 비교, 분석을 위한 일반화된 더블
    다이아몬드 모델 접근법. 국제지역연구, 7(1), 1-16.

문휘창(2000). 본원적 전략에서 총체적 글로벌 전략으로의 확
    장. 국제지역연구, 9(2), 1-15.

박기안(2002). 국제마케팅. 서울: 무역경영사.

박광희 외(2000). 섬유, 패션산업. 서울: 교학연구사.

박영호(2000.12.30). 금융위기 이후 선진기업의 아시아 진출 현황과 시
    사점. 대외경제정책연구원, 지역리포트 00-01. http://www.kiep.go.kr

박해선(1998. 8). 외환위기 이후 해외직접투자 동향 및 경영현
    황 분석- 수은 금융지원 해외현지법인 앞 설문 조사 결과
    를 중심으로-. 수은해외경제.

배양해(2000). 경영환경 변화에 대응하는 한국 철강산업의 세
    계화 전략. 한국과학기술원. 석사학위논문.

백창환(1999). 한국기업의 국제화 의식수준에 관한 실증적 연
    구. 서울대학교 대학원 석사학위논문.

성기룡(2000.10.). 홍콩 재수출시장을 '꽉' 잡아라- 홍콩의 중계무력 기능 변화와 우리의 대처 방안-. 대한무역투자진흥공사, 홍콩무역관 전략조사 보고서.

스티븐 브래들리 외(1993). 미국 하이테크 산업의 세계화 전략: Globalization, Technology, and Competition. 김광수(역). 서울: 전자신문사.

이만우, 조명현(2000). 글로벌 경쟁력 제고를 위한 기업전략과 조직구축. 서울: 집문당.

이성대(1999). 기업의 세계화와 조직구조의 변화에 관한 연구. 연세대학교 석사학위논문.

이은주, 권정란(2001). 한국 의류 및 섬유 산업의 경쟁우위 향상에 관한 제언. 한국의류학회지, 25(2), 458-470.

이재덕(1999.12.). 섬유산업의 지식경쟁력 강화 방안. 산업의 지식경쟁력. KIET 정책자료. 제146호. 서울: 산업연구원.

이재윤(1998). "국제경쟁력 영향요인의 중요도 평가기법 개발 및 사례연구." 서울대학교 대학원 석사학위논문.

원종근(1999). 글로벌 시대의 국제경영-이론과 전략-. 서울: 박영사.

장세진(1996). 글로벌 경쟁시대의 경영전략. 서울: 박영사.

장재연(1973). 한국제지산업의 산업구조와 국제경쟁력 결정요소에 관한 연구. 서울대학교 대학원 석사학위논문.

전경숙 · 민신기(1997). 시장 개방 하에서 수입 의류의 시장 침투와 의류상품의 원산지에 대한 소비자 태도 조사. 한국의류학회지, 21(2), 357-367.

전양진(1998). WTO체제가 의류산업에 미치는 영향(제1보)—관세율 변화가 최종 의류소비자에게 미치는 영향-. 한국의류학회지, 22(1), 108-115.

정준연(1991). 국가경쟁력 결정요인에 의한 국제화전략군집 및 그 성과분석에 관한 연구. 서울대학교 대학원 석사학위논문.

정진섭(1997). 한국기업의 해외직접투자 특징에 관한 연구: SER-M 모델의 적용을 중심으로. 서울대학교 대학원 석사학위논문.

정흥수, 이영수(2001). 국제통상의 이해. 서울: 문영사.

조영경, 박경애, 김태훈(2001). 의류업체의 생산자동화: 기업상황과 생산성과와의 관계. 한국의류학회지, 25(4), 754-763.

조용환(1999). 질적연구: 방법과 사례. 서울: 교육과학사.

조현수 외(2001). 세계화와 국민경제. 서울: 청목출판사

제프리 E. 가튼(2001). 글로벌 경쟁력. 박상천(역). 서울: 세종연구원.

최철(1991). 가치사슬 개념에 의한 기업국제화과정 분석. 서울대학교 대학원 석사학위논문.

하영선 외 5인(2000). 국제화와 세계화: 한국, 중국, 일본. 서울: 집문당

백준봉(2001), '세계화'와 자본주의의 구조 변화- R. 브와이예의 논의를 중심으로. 한국사회경제학회(ed), 세계화의 도전과 대안적 자본주의의 모색(p.93-131), 사회경제평론 제16호, 서울: 풀빛, 2001.

한국섬유산업연합회(2002.8.9). 섬유, 패션산업의 비전과 발전전략. 한국섬유산업연합회. http://www.kofoti.or.kr/bbs/data

한국의류산업협회(2002.3.19). 2001섬유제품산업현황. 한국의류산업협회. http://www.kaia.or.kr

한유진(2002). 벤처기업의 국제화 과정 연구: 의료기기 산업을 중심으로. 서울대학교 대학원 석사학위논문.

국외 참고문헌

Antoshak, R. P. (2001, fall). The World Trade Organization: Globalization and the Legacy of the MFA. *Journal of Textile and Apparel Technology and Management*, 2(1). from http://www.tx.ncsu.edu/jtam/

Au, K., & Yeung, K. (1999). Production Shift the Hong Kong Clothing Industry. *Journal of Fashion Marketing and Management*, 3(2), 166-178.

Bartlett, C. A., & Ghoshal, S. (1992). What is a Global Manager? In Meloan & Graham(Ed), *International & Global Marketing: Concept and Cases*(pp.41-48). Irwin McGraw-Hill. 1998.

Bruscas, G. M., Groves, G., & Kay, J. M. (1998). Drivers of Change in UK Clothing Manufacturing. *Journal of Fashion Marketing and Management*, 2(3), 230-239.

Cooke, S. E. (1997). An Investigation into the Time Scale for the Emergence of a Market for Western Clothing in Vietnam" *Journal of Fashion Marketing and Management*, 1(2), 154-184.

Craig, C. S., & Douglas, S. P. (1996a). Developing Strategies for Global Market: an Evolutionary Perspective. *Columbia Journal of World Business,* 31(1), 72-82.

Craig, C. S., & Douglas, S. P. (1996b). Responding to the Challenges of Global Market: Change, Complexity, Competi

-tion and Conscience. *Columbia Journal of World Business,* 31(4), 6-19.

Dickerson, K. G. (1995). *Textile and Apparel in the International Economy.* 2nd ed. New York: Macmillan Publishing Co.

Dickerson, K. G. (1999). *Textile and Apparel in the Global Economy.* 3rd ed. New Jersey: Prentice Hall.

Douglas, S. P., & Wind, Y. (1987). Myth of Globalization. In Meloan & Graham(Ed), *International & Global Marketing: Concept and Cases*(pp.14-24). Irwin McGraw-Hill. 1998.

Gereffi, G. (2001 Fall). Global Sourcing in the U.S. Apparel Industry. *Journal of Textile and Apparel Technology and Management,* 2(1). from http:// www.tx.ncsu.edu/jtam/

Godley, A. (1997). Competitiveness in the clothing industry: The economics of fashion in UK womenwear, 1880-1950. *Journal of Fashion Marketing and Management,* 2(2), 125-136.

Goldman, A. (2001). The Transfer of Retail Formats into Developing Economics: The Example of China. *Journal of Retailing,* 77(2), 221-242.

Greenwood, G. L. (1996). Marketing Communications in the International of UK Fashion Brands. *Journal of Fashion Marketing and Management,* 1(4), 357-358.

Hamilton, J. A., & Dickerson, K. G. (1990). The Social and Economic Cost and Payoff of Industrialization. *Clothing and Textile Research Journal*, 8(4), 14-21.

Hetzel, P. (1998). The Current State of the Clothing Industry and Market in France. *Journal of Fashion Marketing and Management*, 2(4), 386-391.

Hines, T. (1998). The Competitive Nature of the Clothing Industry in the European Union. *Journal of Fashion Marketing and Management*, 2(2), 194-199.

Hines, T., & Bruce, M. (2001). *Fashion Marketing: Contemporary Issues.* Butterworth-Heinmann.

Jeffrey, M. (2002). An Expanding Europe: The Case for Slovenia. *Journal of Fashion Marketing and Management*, 6(1), 77-89.

Johansson, K. J. (1997). *Global Marketing: Foreign Entry, Local Marketing, and Global Management.* The McGraw-Hill Company Inc.

Johns, R. M., & Robb, P. (1997). The Demand for Clothing in the UK and Sweden. *Journal of Fashion Marketing and Management*, 1(2), 113-124.

Johns, R. M. (1997). The Swedish Clothing Industry: Strategies for Survival and Lessons for the UK. *Journal of Fashion Marketing and Management*, 1(4), 372-383.

Johns, R. M. (1998a). The Global Reach of the UK Clothing Sector- part 1. *Journal of Fashion Marketing and Management*, 2(2), 137-152.

Johns, R. M. (1998b). The Global Reach of the UK Clothing Sector- part 2. *Journal of Fashion Marketing and Management*, 2(3), 240-256.

Jones, R. M. (2000). The UK Clothing Industry and Market- An Update. *Journal of Fashion Marketing and Management*, 4(2), 182-187.

Kilduff, P. (2000 September). Evolving Strategies Structures and Relationship in Complex and Turbulent Business Environment: The Textiles and Apparel Industries of the New Millennium. *Journal of Textile and Apparel Technology and Management*, 1(1). from http://www.tx.ncsu.edu/jtam/

Kilduff, P., & Priestland, C. (2001 May). Strategic Transforma -tion in the US Textile & Apparel Industries: A Study of Business Dynamic with Forecasts up to 2010. from http://www.tx.ncsu.edu/jtam/

Kilduff, P. (2001 winter). Evolving Strategies Structures and Relationship in Complex and Turbulent Business Environment: The Textiles and Apparel Industries of the New Millennium- part 2. *Journal of Textile and Apparel Technology and Management*, 1(2). from http://www.tx.ncsu.edu/jtam/

Kim, K. (2001). Expanding Horizons: Challenges and Opportunities in the Globalizing World. Paper presented at the Joint World Conference "Expanding Horizons". KSCT/ITAA(Korean Society of Clothing and Textiles International Textile & Apparel Association). Seoul, Korea.

Kuntz, G. I. (1998). *Merchandising: Theory, Principles, and Practice*. New York: Fairchild Books.

Kwan, C. L. M. (1996). The Use of Offshore Production by the Hong Kong Clothing Industry. *Journal of Fashion Marketing and Management*, 1(1), 71-82.

Leung, C., & Wong, J. K. (1999). A Value-added Approach to Investigate the Performance of Hong Kong`s Clothing Manufacturing Industry. *Journal of Fashion Marketing and Management*, 3(2), 147-156.

Levitt, T. (1983). The Globalization of Market. In Meloan & Graham(Ed), *International & Global Marketing: Concept and Cases*(pp.13-23). Irwin McGraw-Hill. 1998.

Li, Y. & Yao, L. (2001 Fall). Hong Kong Fashion Industries in the New Economy. *Journal of Textile and Apparel Technology and Management*, 2(1). from http://www.tx.ncsu.edu/jtam/

McLaren, R., Tyler, D. J., & Jones, R. M. (2002). Parade-exploiting the strengths of "Made in Britain" supply chain. *Journal of Fashion Marketing and Management*, 6(1), 35-43.

Moore, C. M. (1997). La Mode Sans Frontieres? The Internationalization of Fashion Retailing. *Journal of Fashion Marketing and Management*, 1(4), 345-356.

Moore, C. M. (1998). Linternationalisation du Pret-a Porter: The Case of Kookai and Morgans Entry into the UK Fashion Market. *Journal of Fashion Marketing and Management*, 2(2), 153-158.

Moore, C. M., & Fenie, J. (2000). Americans in London: The international of fashion designer retailing. *Journal of Fashion Marketing and Management*, 4(3), 263-270.

Navaretti, G. B(1995). Trade Policy and Foreign Investment: An Analytical Framework. In Navaretti, G. B., Polimenti, G., & Perosino, G. (Eds), *Beyond the Multifibre Arrangement: Third World Competition and Restructuring Europe`s Textile Industry*(pp.121-132), Paris: OECD.

Navaretti, G. B., & Perosino, G. (1995). Redeployment of Production, Trade Protection and Firms` Global Strategies: The Case of Italy. In Navaretti, G. B., Polimenti, G., & Perosino, G. (Eds), *Beyond the Multifibre Arrangement: Third World Competition and Restructuring Europe`s Textile Industry*(pp169-184). Paris: OECD.

Notan T., & Condotta, B. (1997). Close-knit relationships hold the key to Italian fashion industry success. *Journal of Fashion Marketing and Management*, 1(3), 274-280.

Popp, A., Ruckman, J. E., & Rowe, H. D. (2000a). Quality in international clothing supply chains: A preliminary study. *Journal of Fashion Marketing and Management*, 4(2), 140-161.

Popp, A., Ruckman, J. E., & Rowe, H. D. (2000b). Quality in international clothing supply chain: UK companies` perspective. *Journal of Fashion Marketing and Management*, 4(4), 351-360.

Scarso, E. (1996). Beyond fashion: Emerging strategies in the Italian clothing industry. *Journal of Fashion Marketing and Management*, 1(4), 359-371.

Silva, R., Davies, G., & Naude, P. (2000). Marketing to UK retailers: Understanding the Nature of UK retail Buying of Textiles and Clothing. *Journal of Fashion Marketing and Management*, 4(2), 162-172.

Smith, S. (2001 Fall). The Race to Free Trade is on. *Journal of Textile and Apparel Technology and Management*, 2(1). from http://www.tx.ncsu.edu/jtam/

Srinivas, K. M. (1995). Globalization of business and the Third World: Challenge of expanding the mindsets. *The Journal of Management Development*, 14(3), 26-49.

Taplin, I. M. (1999). Continuity and change in the US apparel industry: A statistical profile. *Journal of Fashion Marketing and Management*, 3(4), 360-368.

Taplin, I. M. (2002). Strategic initiatives in a transitional economy: Hungarian clothing company straggles to compete. *Journal of Fashion Marketing and Management,* 6(1), 44-52.

UNIDO(1996a). Globalization: Challenges and opportunities for industrial development. In UNIDO(Ed), *Industrial Development Global Report*(pp.1-8). Oxford University Press. 1996.

UNIDO(1996b). Globallization: Global Industrial Change: Development issues and priorities. In UNIDO(Ed), *Industrial Develop -ment Global Report*(pp.9-44). Oxford University Press. 1996.

UNIDO(2002a). *International Yearbook of Industrial Statistics 2002.* Vienna: UNIDO.

UNIDO(2002b). *World Investment Directory: Foreign Direct Investment and Corporate. Vol. VII-part: Asia and the Pacific.* New York and Vienna: UNIDO.

Walwyn, S. S. (1997). A vision of sourcing for a global market. *Journal of Fashion Marketing and Management,* 1(3), 251-259.

Wong, Y. (2000). Strategic Alliances in Logistics Outsourcing. *Asia Pacific Journal of Marketing and Logistics,* 3-21.

Yoh, E., & Gaskill, L. R. (1999). US retail executives` perspective on the future retailing. *Journal of Fashion Marketing and Management,* 3(4), 324-336.

Yoon, Yoonsoo(2001). Successful Sourcing Strategy in Global Markets. Paper presented at the Joint World Conference "Expanding Horizons". KSCT/ITAA(Korean Society of Clothing and Textiles International Textile & Apparel Association). Seoul, Korea.

Zhang, Z. (1997). Counter-flow of the international trade in apparel: Exporting by OECD countries and importing by developing countries. *Journal of Fashion Marketing and Management*, 1(3), 223-238.

부 록

<부록 1> 설문지

안녕하십니까?

귀사의 발전과 건승을 빕니다.

저는 세계화 환경에서 한국패션산업 및 개별 기업이 글로벌 경쟁력을 향상시키기 위하여 필요한 필수요소를 밝혀냄으로써 보다 효과적인 한국패션산업의 발전 지표를 마련하고자 연구하고 있습니다.

본 설문지는 이러한 연구 수행에서 필요한 자료를 수집하기 위해 작성되었습니다. 본 설문에 대한 응답내용은 연구목적 이외에 다른 목적에 일체 사용되지 않을 것이며 회사, 부서 및 응답자 개인의 비밀은 철저히 보장될 것입니다.

업무에 분망하신 가운데 번거로우시겠으나 본 설문에 성의껏 응답해 주시면 저의 연구수행에 많은 도움이 될 것이며 뿐만 아니라 우리나라 패션산업의 글로벌 경쟁력 강화에 좋은 밑거름이 될 것입니다.

설문에 응해 주신데 대하여 다시 한번 진심으로 감사드립니다.

1. 다음의 각 질문들은 귀사의 일반 현황에 관한 질문입니다.

    (1) 귀사의 명칭은 무엇입니까 : ______________________

    (2) 귀사의 설립연도는 언제입니까 :______________________

    (3) 귀사의 총 매출액(2001년 기준)은 얼마입니까: ______

    (4) 귀사는 다음의 어떤 패션기업에 속합니까?

        ① 원사업체(　　　)

        ② 직물/편물업체(　　　)

        ③ 의류업체(　　　)

        ④ 기타(　　　　　)　　(구체적으로 적어 주십시오)

    (5) 귀사의 기업활동 범주가 다음의 어디에 속합니까?

        ① 내수(　　　)

        ② 수출(　　　)

        ③ 내수 및 수출(　　　)

        ④ 수입(　　　)

        ⑤ 기타(　　　　　)

2. 다음 질문들은 귀사의 해외진출 현황에 관한 질문입니다.

    해외생산을 비롯하여 수출/입, 해외직접투자, 계약에 의한 해외진출 등 해외시장 관련 내용을 답해 주십시오..

    (1) 귀사의 **최초** 해외진출 년도는 언제입니까: __________

    (2) 귀사의 **최초** 해외진출형태는 어느 것입니까?

        ① 수출 (　　　)

        ② 해외 생산(　　　)

        ③ 해외직접투자(　　　)

        ④ 수입 및 기타(　　　)　　(구체적으로 적어 주십시오)

(3) 귀사의 최초 해외진출 이유나 동기는 무엇입니까?:

____

(4) **현재** 귀사의 해외진출형태를 모두 골라 주십시오.
  (해당되는 것에 모두 O표 해주십시오)
  ① 간접수출: 무역상사(   ), 수출대행업자(   ), 기타(   )
  ② 직접수출: 현지 도·소매업자(   ), 수출전담부서(   ),
      해외지사(   ), 현지판매법인(   ), 기타(   )
  ③ 해외생산: 계약생산(완제품)(   ), 주문생산(완제품)(   ),
      위탁생산(봉제)(   ), 현지생산법인(   ), 기타(   )
  ④ 계약에 의한 해외진출: 라이센싱(   ), 경영관리계약
      (   ), 기술지원계약(   ), 기타(   )
  ⑤ 해외직접투자: 합작투자(   ), 단독투자(   ),
      기타(   )
  ⑥ 수입 및 기타:(   )

(5) 현재 귀사의 해외진출 지역은 어디 입니까 (국가 이름
  을 적어주십시오)

____

(6) 최근 귀사의 해외진출/확장의 직접적인 동기나 이유는
  무엇입니까? (해당되는 것에 모두 O표 해주십시오)

내수시장의 포화( )   무역파트너의 이용가능성( )
위험의 분산(   )   경쟁구조의 후진성(   )
해외 경쟁자들의 자극(   )   무역법규의 우회(   )
기술변화에 대응(   )   노동력 확보/저임금(   )
마케팅과 통신기술의 발달( )   선진 시장의 근접성(   )

해외시장 기반 구축(　) 　　국제화/세계화에 대비(　)

지역시장 성장(　) 　　　　유연성 증대(　)

시장 선도력 확보(　) 　　　제품 구색의 다양화(　)

지역자산의 효율적 사용(　) 　규모와 범위의 경제(　)

학습과 경험(　) 　　　　　원자재조달의 효율성(　)

글로벌 고객 출연(　) 　　　기타(　　　　　　　　)

범세계적 유통경로 발전(　) 　　　(구체적으로 적어 주십시오)

틈새시장 기회(　)

3. 세계화가 패션산업 전반 및 개별 기업에 미친 영향을 알고자 합니다.

최근 수년간 세계화 흐름에 대처하기 위해서 귀사에서 진행하였던(진행하고 있는) 변화를 구체적으로 답해주십시오.

(1) 귀사는 생산기지/생산 활동을 해외로 이전하였습니까?

예(　　)

아니오(　　) ☞ **(2)**번 질문으로 건너 띄십시오

생산기지를 어느 지역으로 이전하였습니까?(국가 이름을 적어주십시오)

____

(2) 귀사는 생산 활동 이외에 해외로 이전한 기업 활동/기능이 있습니까?

예(　　),

아니오(　　) ☞ **(3)**번 질문으로 건너 띄십시오

어떤 활동/기능들을 해외로 이전하였습니까?

　　제품 및 디자인 기획(　　), 연구개발(　　), 유통(　　　),

　　판매(　　), 원부자재 소싱(　　　), 기타(　　　　　　)

어느 지역으로 이전하였습니까?(국가 이름을 적어주십시

오)＿＿＿＿＿＿

직접적인 동기나 이유가 무엇입니까?＿＿＿＿＿＿＿＿＿＿＿＿

(3) 다음은 글로벌 상품 공급전략에 관한 질문입니다.

글로벌 상품 공급전략은 다양하고 빠르게 변화하는 소비자 요구를 만족시키기 위해 원부자재 공급에서 판매까지의 상품 공급 활동들 중 일부 활동들을 전세계의 다양한 지역에서 전략적으로 소싱하는 것을 의미합니다..

귀사는 상품 전략을 위해 글로벌 공급전략을 실행하고 계십니까?

　　예(　　),

　　아니오(　　) ☞ **(4)번 질문으로 건너 띄십시오**

글로벌 상품 공급전략을 위해, 어떤 활동들을 해외에서 소싱하고 있습니까?

(해당되는 것에 모두 0표 해주십시오)

　　원부자재 공급(　　　　　), 완제품 공급(　　　　),

　　가공 및 끝손질(　　　), 상품 및 디자인 기획(　　　　),

　　생산(　　　　), 판매(　　　　) 기타(　　　　　　　)

(4) 귀사는 상품 종류에 따라 상품 공급(생산이나 판매 포함) 국가나 지역을 다르게 선택하십니까?

　　　예(　　),

　　　아니오(　　) ☞ **(5)**번 질문으로 건너 띄십시오

패션상품에 따라 상품 공급 국가/지역을 다르게 선택하신 **주된 이유는** 무엇입니까?(해당되는 것에 모두 0표 해주십시오)

　　　저비용(　　), 품질(　　), 패션성(　　), 색채 및 스타일(　　), 전문성(　　), 글로벌 소비자 요구(　　), 신속대응(　　), 지속적인 공급(　), 무역법규(　), 기타
　　　(　　　　　　)

(5) 글로벌 상품 공급전략에서 귀사가 **가장** 중요하게 생각하시는 요소는 무엇입니까? (우선순위로 3 개만 골라 주십시오.)

　　　가격(　), 품질(　), 패션성(　), 물량의 유연성(　),
　　　시간(리드타임 및 적시배달)(　　), 원부자재 이용가능성(　　), 유통(　　), 정보 네트워크(　　), 기타
　　　(　　　　　　)

(6), (7)번 문제는 **질문 5의 답이 "시간"이나 "품질"일 경우에만** 질문에 답하십시오

(6) 상품 공급전략에서 주요 요소가 **시간**이라면, 이에 대한 귀사의 해결방안은 무엇입니까?

　　　① 근접한 지역(국가)에서 소싱(또는 판매) 파트너 선정(　　)

② 패션상품 공급체인 길이(또는 구조)의 단순화
( )

③ 신속대응체제(QRS) 실행( )

④ 패션상품 공급체인의 네트워크화( )

⑤ 기타( )

(7) 상품 공급전략에서 주요 요소가 **품질**이라면, 이에 대한 귀사의 해결방안은 무엇입니까?

① 적합한 소싱(또는 판매) 파트너 선정( )

② 품질 통제를 위한 소싱(또는 판매) 파트너와의 직접적인 커뮤니케이션( )

③ 패션상품 공급체인의 네트워크화( )

④ 기타( )

(8) 다음은 패션상품 공급전략을 위한 **귀사와 협력업체와의 관계**에 대한 질문입니다. 그 정도에 따라 해당되는 칸에 **O표** 해주십시오.

협력업체와의 관계	전혀 그렇지 않다	그렇지 않다	보통 이다	그렇다	매우 그렇다
전통적 계약관계(종속적)를 유지하고 있다					
대등한 협력관계를 유지하고 있다					
정보, 기술, 노하우를 공유하고있다					
네트워크적 연계(배치)를 중시하고 있다					
장기적 파트너십 형성하고 있다					
정보 네트워크화를 실행하고 있다					
관계에서 신뢰를 중시한다					

(9) 최근 글로벌 경쟁에 직면하여 귀사가 취하였던 대응방
안은 무엇입니까?

____

(10) 세계화 흐름에 대처하기 위한 귀사의 글로벌 핵심 경
쟁력 요소는 무엇입니까?(우선순위로 3개를 선택하여 순위
를 적어주십시오)

    가격(   ), 품질(   ), 상표(   ), 인적 자원(   ),

    신속대응 능력(   ), 생산 효율성(   ), 제품기획력(   ),

    국제화 능력(   ), 전략적 포지셔닝(   ), 마케팅 기술(   ),

    유통기술(   ), 기타(   )

4. 귀하께서는 한국패션산업 및 기업의 글로벌 경쟁력 향상
을 위해 다음의 각 요소들이 얼마나 중요하다고 생각하십
니까? 해당되는 칸에 O표 해주십시오.

한국패션산업 및 기업의 글로벌 경쟁력을 위한 필수요소	전혀 중요하지 않다	중요하지 않다	보통이다	중요하다	매우 중요하다
가격경쟁력					
고부가가치					
신속대응 능력					
공정 별 분업화/전문화					
국제화 능력					
관련 산업의 발달/지역적 집중					
인프라 기반 조성					
전략적 포지셔닝					
제품 기획력					
마케팅 능력					
생산기술 혁신					
유통기술 혁신					
정보와 커뮤니케이션 기술 혁신					
글로벌 상표 개발					
틈새시장 개발					
연구개발					
정부지원					
최고 경영층의 능력					

<부록 2> 선진국과 개발도상국 국가들

선 진 국 **(Industrialized Countries)**		개 발 도 상 국 **(Developing Countries)**	
동유럽과 러시아	아프리카	라틴 아메리카	서아시아, 유럽
Albania	Algeria	Anguilla	Bahrain
Bulgaria	Angola	Antigua and Barbuda	Cyprus
Czechoslovakia(former)	Benin	Argentina	Iraq
Germany, eastern part	Burundi	Barbados	Jordan
Poland	Burkina Faso	Belize	Kuwait
Romania	Botswandn	Bermuda	Lebanon
USSR(former)	Cameroon	Bolivia	Malta
서유럽	Central African Republic	Brazil	Omen
Austria	Chad	British Virgin Islands	Qatar
Belgium	Congo	Chile	Saudi Arabia
Denmark	Cape Verde	Colombia	Syrian Arab Republic
Finland	Cote d`lvoire	Costa Rica	Turkey
France	Comoros	Cuba	United Arab Emirates
Germany, western part	DemocraticRep. of the Congo	Dominica	Yemen

선 진 국 (Industrialized Countries)	개 발 도 상 국 (Developing Countries)		
Greece	Djibouti	Dominica Republic	Yugoslavia(former)
Iceland	Ethiopia	Ecuador	남, 동 아시아
Ireland	Egypt	El Salvador	Bangladesh
Italy	Equatorial Guinea	French Guiana	Bhutan
Luxembourg	Gabon	Grenada	Brunei Darussalam
Netherlands	Gambia	Guadeloupe	Cambodia
Norway	Ghana	Guatemala	China
Portugal	Guinea	Guyana	China(HongKong)
Spain	Guinea-Bissau	Haiti	China(Taiwan)
Sweden	Kenya	Honduras	Fiji
Switzerland	Libyan Arab Jamahiriya	Jamaica	French Polynesia
United Kingdom	Liberia	Martinique	India
	Lesotho	Mexico	Indonesia
아시아	Madagascar	Montserrat	Iran
Japan	Malawi	Netherlands Antilles	Lao People`s Dem. Rep.

선 진 국	개 발 도 상 국		
(Industrialized Countries)	**(Developing Countries)**		
북미	Mauritius	Nicaragua	Malaysia
Canada	Mozambique	Panama	Maldives
United States of America	Morocco	Paraguay	Mongolia
기타	Mali	Peru	Myanmar
Australia	Mauritania	Puerto Rico	Nepal
Israel	Niger	Saint Lucia	New Caledonia
New Zealand	Nigeria	St. Kitts and Nevis	Pakistan
South Africa	Namibia	St. Vincent and the Grenadines	Papua New Guinea
	Rwanda	Suriname	Philippines
	Reunion	Trinidad and Tobago	Republic of Korea
	Sudan	Uruguay	Singapore
	Sao Tome and Principe	Venezuela	Solomon Islands
	Senegal		Sri Lanka
	Sierra Leone		Thailand
	Seychelles		Tonga
	Somalia		Vanuatu
	Swaziland		Viet Nam
	Togo		

선 진 국	개 발 도 상 국
(Industrialized Countries)	**(Developing Countries)**
	Tunisia
	Uganda
	United Republic of Tanzania
	Zambia
	Zimbabwe

신흥공업국**(Newly Industrialized Country):** Argentina, Brazil, Mexico, Yugoslavia, Hong Kong, Taiwan, Republic of Korea, Singapore

2세대 신흥공업국**(Second generation NICs):** Morocco, Tunisia, Columbia, Turkey, India, Indonesia, Malaysia, Philippines, Thailand

자료: *International Yearbook of Industrial Statistics 2002(*p.12-16), UNIDO, 2002 Vienna: UNIDO

<부록 3> 1990년과 2000년 패션산업(직물 및 어패럴산업)에서 선두 생산국

세계 선두 생산국				선두 개발도상국가			
1990		2000		1990		2000	
국 가	점유율(%)	국 가	점유율(%)	국 가	점유율(%)	국 가	점유율(%)
Textiles(321)							
미 국	16.3	미 국	18.9	인 도	12.9	인 도	22.5
일 본	16.0	이태리	12.3	브라질	11.3	대 만	8.8
이태리	10.5	일 본	9.4	한 국	9.7	브라질	8.8
서 독	7.0	인 도	8.1	대 만	9.0	터 키	8.0
프랑스	4.0	서 독	5.2	터 키	7.2	한 국	6.2
인 도	3.9	프랑스	3.4	유고슬라비아	5.3	이 란	4.0
브라질	3.4	대 만	3.2	태 국	5.1	인도네시아	3.9
영 국	3.3	브라질	3.2	홍 콩	3.5	멕시코	3.6
한 국	2.9	터 키	2.9	파키스탄	3.3	파키스탄	3.4
대 만	2.7	영 국	2.6	이 란	3.2	태 국	3.0
스페인	2.5	스페인	2.2	아르헨티나	3.2	홍 콩	2.6
터 키	2.2	한 국	2.2	멕시코	3.1	페 루	2.2
유고슬라비아	1.6	캐나다	2.1	인도네시아	3.1	아르헨티나	2.0
태 국	1.5	이 란	1.4	이집트	2.2	이집트	1.9
캐나다	1.4	인도네시아	1.4	방글라데시	1.8	콜롬비아	1.8
합 계	79.2	합 계	78.5	합 계	83.9	합 계	82.7

세계 선두 생산국				선두 개발도상국가			
1990		2000		1990		2000	
국 가	점유율(%)	국가	점유율(%)	국가	점유율(%)	국가	점유율(%)
Wearing app., leather, footwear(322/3/4)							
미 국	18.3	미 국	20.8	브라질	18.9	브라질	15.8
일 본	11.9	이태리	13.9	한 국	10.1	홍 콩	7.1
이태리	11.1	일 본	10.4	태 국	8.8	태 국	7.0
서 독	6.2	브라질	5.0	유고슬라비아	7.6	인도네시아	6.9
프랑스	5.8	스페인	3.7	홍 콩	6.9	아르헨티나	6.2
브라질	5.4	영 국	3.5	대 만	5.2	한 국	5.4
영 국	4.0	서 독	3.4	아르헨티나	4.8	멕시코	5.2
스페인	3.6	프랑스	3.1	멕시코	3.5	터 키	4.1
한 국	2.9	캐나다	2.4	터 키	3.3	필리핀	3.4
태 국	2.5	홍 콩	2.2	인 도	3.0	방글라데시	3.1
유고슬라비아	2.2	태 국	2.2	이라크	2.8	인 도	2.8
캐나다	2.0	인도네시아	2.2	인도네시아	2.3	대 만	2.7
홍 콩	2.0	아르헨티나	1.9	필리핀	1.9	이라크	2.7
포르투갈	1.7	한 국	1.7	푸에르토리코	1.6	튀니지아	2.0
대 만	1.5	멕시코	1.6	알제리	1.5	푸에르토리코	1.9
합 계	81.1	합 계	78.0	합 계	82.2	합 계	76.3

자료: *International Yearbook of Industrial Statistics 2002(p.49)*, UNIDO, 2002 Vienna: UNIDO.

<부록 4> 지역협정국

자료: *UNTAD Handbook of Statistics*, UN, 2001, Vienna: UN.

America		Europe	
NAFTA		**EFTA(European Free Trade Association)**	
United States of America		Iceland	
Canada	Mexico	Norway	
CBI		Switzland	
Antigua and Barbuda		**EU(European Union)**	
Barbados	Montserrat	Austria	Italy
Belize	Saint Kitts and Nevis	Belguium	Luxembourg
Dominica	Saint Lucia	Denmark	Netherland
Grenada	Saint Vincent and the Grenadines	Finland	Portugal
Guyana	Suriname	France	Spain
Jamaica	Trinidad and Tobago	Germany	Sweden
LAIA		Ireland	United Kingdom
Argentina			
Bolivia	Mexico		
Brazil	Paraguay		
Chile	Peru		
Columbia	Uruguay		
Ecuador	Venezuela		

<부록 5> 국제표준산업분류(ISIC) 및 표준국제 무역분류 SITC)

국제표준산업분류(ISIC: International Standard Industrial Class -ification of all Economic Activities) 중에서 패션산업 분류

산업분류 번호	산 업 내 용
321	직물 제조(Manufacturer of textiles)
322	어패럴 제조(Manufacturer of wearing apparel, except footwear)
323	가죽, 모피 제조(Manufacturer of leather and products of leather, leather substitutes and fur, except footwear and wearing apparel)
324	신발 제조(Manufacturer of footwear, except vulcanized or molded rubber or plastics footwear)

자료: *International Yearbook of Industrial Statistics 2002(*p.18-25), UNIDO, 2002 Vienna: UNIDO.

표준국제무역분류(SITC, Standard International Trade Classification) 중에서 패션제품 분류

무역제품 분류 번호	무 역 제 품 내 용
26	섬유(Textile Fibers(Other Than Wool Tops And Other Combed Wool) And Their Wastes(Not Manufactured Into Yarn Or Fabric))
65	원사 및 직물(Textile Yarn, Fabrics, Made-Up Articles, N.E.S., And Related Products)
84	의류 및 의류 액세서리(Articles of apparel and clothing accessories)

자료: *International Trade Statistics Yearbook, vol. Ⅱ: Trade by Commodity,* UN, 1999, New York: UN.

<부록 6> 선진국과 개발도상국의 세계 어패럴수출시장과 선진국 어패럴수출시장 점유율

(단위: 백만 불, F.O.B.)

수입국 수출국	세계 세계	세계 선진국	세계수출시장 점유%	선진국 세계	선진국 선진국	선진수출시장 점유%	개도국 세계	개도국 선진국	개도국수출시장 점유%
선진국									
1980	39938	20015	50.12	31381	17404	55.46	5310	2186	41.17
1987	77258	32611	42.21	65621	29835	45.47	7541	2294	30.42
1988	83717	33945	40.55	71302	30636	42.97	7994	2832	35.43
1989	94200	35652	37.85	78058	31683	40.59	11765	3419	29.06
1990	109003	45030	41.31	90430	40132	44.38	14143	4142	29.29
1991	119198	47280	39.67	97551	41725	42.77	17640	4517	25.61
1992	136514	52291	38.30	109908	45156	41.09	22205	5841	26.30
1993	134998	46735	34.62	108899	38764	35.60	21192	6522	30.78
1994	149794	50704	33.85	118822	41138	34.62	25984	7833	30.15
1995	166924	57852	34.66	133212	46465	34.88	27562	9217	33.44
1996	175146	62177	35.50	140295	49262	35.11	28505	10282	36.07
1997	191593	67844	35.41	147275	53254	36.16	36741	11673	31.77
1998	191457	64202	33.53	149659	49356	32.98	34322	11700	34.09
1999	188348	60242	31.98	146447	45307	30.94	33380	12130	36.34

수입국	세계	세계	세계수출시장	선진국	선진국	선진수출시장	개도국	개도국	개도국수출시장
수출국	세계	개도국	점유%	세계	개도국	점유%	세계	개도국	점유%
개발도상국									
1980	39938	16974	42.50	31381	12997	41.42	5310	2985	56.21
1987	77258	41171	53.29	65621	34489	52.56	7541	5139	68.15
1988	83717	46664	55.74	71302	39760	55.76	7994	5047	63.13
1989	94200	55710	59.14	78058	45047	57.71	11765	8240	70.04
1990	109003	61453	56.38	90430	48815	53.98	14143	9898	69.99
1991	119198	69877	58.62	97551	54259	55.62	17640	13082	74.16
1992	136514	81378	59.61	109908	62359	56.74	22205	16286	73.34
1993	134998	84401	62.52	108899	66616	61.17	21192	14608	68.93
1994	149794	92981	62.07	118822	72468	60.99	25984	18069	69.54
1995	166924	101861	61.02	133212	80419	60.37	27562	18261	66.25
1996	175146	105047	59.98	140295	83953	59.84	28505	18130	63.60
1997	191593	115580	60.33	147275	86743	58.90	36741	24970	67.96
1998	191457	118024	61.65	149659	92029	61.49	34322	22525	65.63
1999	188348	119149	63.26	146447	93122	63.59	33380	21158	63.39

자료: *International Trade Statistics Yearbook, vol.II: Trade by Commodity,* UN, 1991, 2001, 2002, New York: UN.
주) 어패럴 제품: 의류제품(SITC 84, clothing)

<부록 7> 국가별 패션산업의 생산지수(Index Number of Industrial Production, 1990=100)

국 가	1991	1992	1993	1994	1995	1996	1997	1998	slope
선진국									
Canada	89.1	93.2	95.9	102.4	107.5	105.3	114.2	114.4	3.75
US	99.3	104.5	108.6	112.8	112.5	110.8	111.5	109.7	1.36
Austria	99.1	98.3	87.2	79.5	75.9	72.1	73.9	75.8	-3.98
Belgium	93.4	97.8	93.7	93.3	92.3	83	84.4	81.1	-2.22
Denmark	102.7	98.4	93.5	98.5	97.1	100.2	98.4	102.9	0.24
Finland	80.6	74.6	73.3	80.1	73.8	75.3	75.8	74.9	-0.41
France	94.6	90.4	84	85.9	82.3	73.5	71.3	67.7	-3.80
Germany	100	89.3	79.6	72.7	69.6	64.8	63.2	62.2	-5.27
Greece	95.1	89	86.2	81.7	75.6	69.7	69.4	65.8	-4.27
Ireland	94.5	95.8	94.7	94.8	94.1	91.1	87.4	85.6	-1.38
Italy	99.2	99.9	97.9	104.5	107.6	106	110	107.3	1.60
Luxemborg	105.2	112.9	108.9	119.4	116	94.4	108.1	114.6	-0.06

국 가	1991	1992	1993	1994	1995	1996	1997	1998	slope
Netherland	95.7	87.7	85.9	84.1	79.7	79.2	83.4	87.1	-1.26
Norway	99.6	95.6	93.4	102.3	98.6	99.6	99.2	96	0.09
Portugal	102	98.1	88.5	86.5	88.6	85.3	83.9	80.8	-2.70
Spain	94.9	88	78.5	86.5	84.7	80.8	84.4	86	-0.90
Sweden	84.1	78.2	70.5	76.8	78.8	76.7	77.1	73.3	-0.72
Switzerland	98.1	93.6	89.6	90.4	93.5	89.9	88.8	85.8	-1.26
UK	89.8	90.2	90.2	92	89.1	88.7	86.9	79.2	-1.17
Japan	98.2	94	84.2	80.4	74.8	72.2	69.9	62	-4.95
South Africa	98.2	93.6	95.4	98.4	102.7	96.3	100.3	91.2	-0.10
New Zealand	86.5	88.6	87.9	92.5	95.1	90.1	87.3	78.6	-0.63
Israel	108	110.6	110.5	119.8	128.4	121.4	121.4	125.4	2.58
Australia	94.3	90.5	91.8	89.6	84.6	84.6	84.6	83.2	-1.59
NICs									
Korea, Repubic	96	90.2	77.3	75.2	72.2	67.2	58.1	47.1	-6.38

국 가	1991	1992	1993	1994	1995	1996	1997	1998	slope
Singapore	101.6	91.5	75.3	66.8	54.3	44	43	46	-8.79
China, HongKong	100.5	102.6	100.6	100.3	99.4	94.3	93.2	85.8	-2.02
개발도상국									
Africa									
Algeria	93.4	85.9	79.2	72.3	64.6	46.1	41.8	45.5	-7.89
Cote d`Ivoire	94.8	91.8	95.9	97.9	128.9	129.9	152.6		10.09
Egypt	101.7	93.6	88.7	89.2	93.4	81.1			-2.95
Gabon	99	84.9	78.7	55.8	61.4	48.7	44.5		-9.04
Ghana	103.7	62.9	159.7	127.3	145.4	148.8			12.59
Kenya	103.9	102.8	109.9	86.6	63.1	60.3	56.5	55.7	-8.82
Malawi	149.3	129.4	103.1	93.4	73.7	67.2	107.6	107.6	-6.29
Mali	129.2	87.3	128.9	108.6	121.4	131.5	168	171.6	8.58
Morocco	100.6	105.8	105.3	107.4	111.6	115.2	121.7	124.4	3.33
Senegal	89.4	88.7	73.6	75.2	66	71.4	70.9	69	-2.95

국 가	1991	1992	1993	1994	1995	1996	1997	1998	slope
South Africa	98.2	93.6	95.4	98.4	102.7	96.3	100.3	91.2	-0.10
Tunisia	107.2	117.1	130.7	145.4	157.4	158.3	166.2	181.1	10.21
Uganda	93	95.9	80.8	69.2	86.2	92.1	127.4	142.9	6.64
United Rep. Tanzania	87	85.5	81.2	68.2	65.6	63.2	58.9	69.1	-3.75
Zambia	83.9	80.9	57.1	54.1	47.5	61.6	112.3		1.32
Zimbabwe	103.7	83.3	88.5	91.6	50.3	50.5	50.5	51.9	-8.12
N. America									
Barbados	80	52.3	44.1	26.9	24.6	22.4	23.2	17	-7.78
Belize	108.5	113.3	118.9	91.8	54.9	55.3	55.4	59.6	-10.23
Cost Rica	94.4	104.6	106.7	99	96.7	85	93.7		-1.83
El Salvador	104.2	112.6	101.3	102.7	112.1	110.3	117.4	126.2	2.55
Guatemala	102.3	105.6	108.6	111.9	114.5	116.1			2.83
Honduras	144.7	169	182.4	218.8	301.5	401.3	483.4	539.4	60.41
Mexico	102.6	102.5	99.7	200.8	94.4	109.2	120.4	125.4	2.04

국 가	1991	1992	1993	1994	1995	1996	1997	1998	slope
Panama	113.4	117.6	119.7	113.2	112	101.4	96.2	90.2	-3.88
Trinidad and Tobago	92.6	85.5	56.9	48.6	46.8	47.5	76	109.3	0.47
S. America									
Argentina	110.2	116.9	102.7	107.4	99.1	109	106.3	96.6	-1.64
Bolivia	108.4	117.3	142.2	155.8	172.6	176.1	194.7	198	13.48
Brazil	94.9	89.3	93.3	94.3	88.3	84.5	78.9	74.4	-2.71
Chile	112.7	109.6	103.7	94.4	93	91.7	85.7	74.7	-5.03
Colombia	102.5	106.5	102	93.9	92.4	91	95.5	112.8	-0.21
Ecuador	99.8	88.8	77.8	81.6	82.9	84.6	86.3		-1.56
Paraguay	115.9	98.1	100.8	89.7	98.3	96.4	80.8	85.7	-3.60
Peru	107.8	99.5	99.1	134.3	142.5	140.6	143.2		8.28
Suriname	124	97	76	85					-13.80
Uruguay	104.4	100.7	97.2	101	85	91.7	93.2		-2.28
Asia									

국 가	1991	1992	1993	1994	1995	1996	1997	1998	slope
Bangladesh	105.9	121.8	133.7	135	148.3	167.7	181.8	216.7	14.18
Cyprus	95.1	89.1	75.1	74.6	71.7	60.2	57.6	58.7	-5.47
India	107.1	111	122.5	124.1	145.5	160.2	170	165.4	9.97
Indonesia	125	143.5	151.1	164	185.2	189.1	188.4	172	8.20
Iran	112.5	117.7	120.8	129.1	27.8	138.5	140.9		1.21
Israel	108	110.6	110.5	119.8	128.4	121.4	121.4	125.4	2.58
Jordan	89.5	81.2	87.7	84.4	82.2	94.4	89.8	88.6	0.65
Malaysia	103.1	113.8	133.2	147.4	155.8	156.4	164.6	154.5	8.24
Mongolia	77.6	50.5	31.4	25.8	30.6	23.7	22.3	20.9	-6.62
Myanmar	99.4	128.7	116	160.9	175.7	174.7			16.07
Sri Lanka	109.2	115.8	303.4	330.6	241.2	228.4	251.7		21.09
Syrian Arab Republic	93.9	101.3	95.4	97.1	96.5	95.7	104.5		0.77
Turkey	91	92.5	92.5	89.3	102.5	111.6	119.7	114.5	4.42

자료: *Statistical Yearbook Forty-Fourth Issues 98,* UN, 2001, New York: UN
주) 패션산업: 직물, 어패럴, 가죽, 신발 산업을 포함함(ISIC 321, 322, 323, 324)

<부록 8> 국가별 패션산업의 고용인 수(Number of Person`s Engaged)　　　(단위: 천 명)

	1990	1991	1992	1993	1994	1995	1996	1997	1998	1999	기울기
선진국											
Australia	46	38	36	35.237	34.366	35.962	35.203	35.404	34.094	28.428	-1.13
Belguim	36	34	32.6								
Canada	94	84	76	75	72	66	66	68	70		-2.88
Denmark	11.576	10.373	9.667	9.64			6.294	5.417	5.172	4.722	-0.79
Finland	14.7	11.5	8.6	7.7	7.1	7.703	7.007	7.071	7.034	6.379	-0.70
France	144.7	134.2	131.9	120	112	106.4	101.3	95.4	90.3		-6.81
Germany		185.9	142.9	116.6	102		93.2	83.9	77.1	71.3	-12.17
Italy	152.9	154.2	184.1	177.4	167.5		295.2	290.4	272.7	267	16.98
Japan	488	491	477	450	408		336	311	286	251	-28.94
Norway		1.794	1.621	1.549	1.687	2.3	2.25	2.08	1.861	1.537	0.02
Portugal		158.1	151.4	146.2	149		153.63	148.48	139.494		-1.46
Spain	86.7	88.8	82	118.8	110.2	105.3	105.3	113.7	123.9	125.9	4.31
Switzland								9	7.8	6.9	-1.05
United Kingdom	210	177	169	181	168		151	143	132	119	-8.28

	1990	1991	1992	1993	1994	1995	1996	1997	1998	1999	기울기
USA	807	776	777	771	734	724		611	560	494	-33.73
NICs											
China	1650	1720	1740	1640	1810	1750	1680	2439	2117	2027	58.95
HongKong	224.4	189.5	171.1	126.1	102.3	78	62.9	49.5	38.6	33.9	-21.77
Republic of Korea	231.5	198.1	187	196.7	190.2	185.6	167.2	151.5	121.4	132.3	-10.30
Singapore	27.694	25.915	23.434	20.751	18.143	14.648	10.309	8.144	7.756	8.198	-2.51

자료: *International Yearbook of Industrial Statistics*, UNIDO, 1996-2002, Vienna: UNIDO.

주) International Yearbook of Industrial Statistics을 1996년도에서 2002년까지 참조하였는데 책에 따라 동일한 년도의 통계치가 약간씩 차이가 있는 것도 있었으므로, 차이가 있는 경우 최신 년도의 책을 참조하였음.

<부록 9> 교차분석 결과표
교차분석 1

케이스 처리 요약

	케　이　스					
	유　효		결　측		전　체	
	N	퍼센트	N	퍼센트	N	퍼센트
대륙*취급분류	617	99.0 %	6	1.0 %	623	100.0 %

대륙* 취급분류 교차표

		취 급 분 류					전　체
		섬유제조	의류봉제 및 모피제품 제조	가죽 및 가방, 신발 제조	의류제품 무역	섬유 및 직물 무역	
대륙 아시아	빈도	111	173	138	18	5	445
	기대빈도	93.8	157.9	114.7	38.2	40.4	445.0
	대륙의 %	24.9 %	38.9 %	31.0 %	4.0 %	1.1 %	100.0 %
	취급분류의 %	85.4 %	79.0 %	86.8 %	34.0 %	8.9 %	72.1 %
	전체 %	18.0%	28.0 %	22.4 %	2.9 %	.8 %	72.1 %
북 미	빈도	1.0	2	8	18	5	43
	기대빈도	9.1	15.3	11.1	3.7	3.9	43.0
	대륙의 %	23.3 %	4.7 %	18.6 %	41.9 %	11.6 %	100.0 %
	취급분류의 %	7.7 %	.9 %	5.0 %	34.0 %	8.9 %	7.0 %
	전체 %	1.6 %	.3 %	1.3 %	2.9 %	.8 %	7.0 %
중남미	빈도	3	29	12	2	7	53
	기대빈도	11.2	18.8	13.7	4.6	4.8	53.0
	대륙의 %	5.7 %	54.7 %	22.6 %	3.8 %	13.2 %	100.0 %
	취급분류의 %	2.3 %	13.2 %	7.5 %	3.8 %	12.5 %	8.6 %
	전체 %	.5 %	4.7 %	1.9 %	.3 %	1.1 %	8.6 %
유 럽	빈도	0	0	0	7	13	20
	기대빈도	4.2	7.1	5.2	1.7	1.8	20.0
	대륙의 %	.0 %	.0 %	.0 %	35.0 %	65.0 %	100.0 %
	취급분류의 %	.0 %	.0 %	.0 %	13.2 %	23.2 %	3.2 %
	전체 %	.0 %	.0 %	.0 %	1.1 %	2.1 %	3.2 %

		취 급 분 류					전 체
		섬유제조	의류봉제 및 모피제품 제조	가죽 및 가방, 신발 제조	의류제품 무역	섬유 및 직물 무역	
러, 동구	빈도	4	15	1	8	11	39
	기대빈도	8.2	13.8	10.1	3.4	3.5	39.0
	대륙의 %	10.3 %	38.5 %	2.6 %	35.0 %	28.2 %	100.0 %
	취급분류의 %	3.1 %	6.8 %	.6 %	13.2 %	19.6 %	6.3 %
	전체 %	.6 %	2.4 %	.2 %	1.1 %	1.8 %	6.3 %
중 동	빈도	2	0	0	0	15	17
	기대빈도	3.6	6.0	4.4	1.5	1.5	17.0
	대륙의 %	11.8 %	.0 %	.0 %	.0 %	88.2 %	100.0 %
	취급분류의 %	1.5 %	.0 %	.0 %	.0 %	26.8 %	6.3 %
	전체 %	.3 %	.0 %	.0 %	.0 %	2.4 %	6.3 %
전체	빈도	130	219	159	53.	56	617
	기대빈도	130.0	219.0	159.0	53.0	56.0	617.0
	대륙의 %	21.1 %	35.5 %	25.8 %	8.6 %	9.1 %	100.0 %
	취급분류의 %	100.0 %	100.0 %	100.0 %	100.0 %	100.0 %	100.0 %
	전체 %	21.1 %	35.5 %	25.8 %	25.8 %	9.1 %	100.0 %

카이제곱 검정

	값	자 유 도	점근 유의확률 (양쪽검정)
Pearson 카이제곱	397.527[a]	20	.000
우도비	303.915	20	.000
선형 대 선형결합	186.245	1	.000
유효 케이스 수	617		

a. 13 셀(43.3%)은(는) 5보다 작은 기대 빈도를 가지는 셀입니다. 최소 기대빈도는 1.46입니다.

교차분석 2

케이스 처리 요약

	케 이 스					
	유 효		결 측		전 체	
	N	퍼센트	N	퍼센트	N	퍼센트
대륙*취급분류	564	90.5 %	59	9.5 %	623	100.0 %

대륙 * 진출년도 교차표

		진 출 년 도				전 체
		~1987	1988~1993	1994~1997	1998~2001	
대륙 아시아	빈도	32	177	155	32	396
	기대빈도	47.7	165	139.7	43.5	396.3
	대륙의 %	8.1 %	44.7 %	39.1 %	8.1 %	100.0 %
	취급분류의 %	47.1 %	75.3 %	77.9 %	51.6 %	7.1 %
	전체 %	5.7 %	31.4%	27.5 %	5.7 %	7.1 %
북 미	빈도	14	10	13	3	40
	기대빈도	4.8	16.7	14.1	4.4	40.0
	대륙의 %	35.0 %	25.0 %	32.5 %	7.5 %	100.0 %
	취급분류의 %	20.6 %	4.3 %	6.5 %	4.8 %	9.4 %
	전체 %	2.5 %	1.8 %	2.3 %	.5 %	9.4 %
중남미	빈도	9	25	13	6	53
	기대빈도	6.4	22.1	18.7	5.8	53.0
	대륙의 %	17.0 %	47.2 %	24.5 %	11.3 %	100.0 %
	취급분류의 %	13.2 %	10.6 %	6.5 %	9.7 %	9.4 %
	전체 %	1.6 %	4.4 %	2.3 %	1.1 %	9.4 %
유 럽	빈도	8	6	4	2	20
	기대빈도	2.4	8.3	7.1	2.2	20.0
	대륙의 %	40.0 %	30.0 %	20.0 %	10.0 %	100.0 %
	취급분류의 %	11.8 %	2.6 %	2.0 %	3.2 %	3.5 %
	전체 %	1.4 %	1.1 %	.7 %	.4 %	3.5 %

		진 출 년 도				전 체
		~1987	1988~1993	1994~1997	1998~2001	
러, 동구	빈도	0	13	12	14	39
	기대빈도	4.7	16.3	5.6	4.3	39.0
	대륙의 %	.000 %	33.3 %	12.5 %	35.9 %	100.0 %
	취급분류의 %	.000 %	5.5 %	1.0 %	22.6 %	3.5 %
	전체 %	.000 %	2.3 %	.4 %	2.5 %	3.5 %
중 동	빈도	5	4	2	5	16
	기대빈도	1.9	6.7	5.6	1.8	16.0
	대륙의 %	31.3 %	25.0 %	12.5 %	31.3 %	100.0 %
	취급분류의 %	7.4 %	1.7 %	1.0 %	8.1 %	2.8 %
	전체 %	.9 %	.7 %	.4 %	.9 %	2.8 %
전체	빈도	68	235	199	62	564
	기대빈도	68.0	235.0	199.0	62.0	564.0
	대륙의 %	12.1 %	41.7 %	35.3 %	11.0 %	100.0 %
	취급분류의 %	100.0 %	100.0 %	100.0 %	100.0 %	100.0 %
	전체 %	12.1 %	41.7 %	35.3 %	11.0 %	100.0 %

카이제곱 검정

	값	자 유 도	점근 유의확률 (양쪽검정)
Pearson 카이제곱	91.458[a]	15	.000
우도비	76.281	15	.000
선형 대 선형결합	.004	1	.952
유효 케이스 수	564		

a. 8 셀(33.3%)은(는) 5보다 작은 기대 빈도를 가지는 셀입니다. 최소 기대빈도는 1.76입니다.

교차분석 3

케이스 처리 요약

	케 이 스					
	유 효		결 측		전 체	
	N	퍼센트	N	퍼센트	N	퍼센트
대륙*취급분류	606	97.3 %	17	2.7 %	623	100.0 %

대륙* 진출형태 교차표

		취 급 분 류					전 체
		현지법인	지사, 지점	연락, 대표, 현지사무소	해외직접투자	임의진출	
대륙 아시아	빈도	282	14	37	82	20	435
	기대빈도	265.6	31.6	48.8	74.7	14.4	435.0
	대륙의 %	64.8 %	3.2 %	8.5 %	18.9 %	4.6 %	100.0 %
	취급분류의 %	76.2 %	31.8 %	54.4 %	78.8 %	100.0 %	7.1 %
	전체 %	46.5 %	2.3 %	6.1 %	13.5 %	3.3 %	7.1 %
북 미	빈도	2.3	9	11	0	0	43
	기대빈도	26.3	3.1	4.8	7.4	1.4	43.0
	대륙의 %	53.5 %	20.9 %	25.6 %	.0 %	.0 %	100.0 %
	취급분류의 %	6.2 %	20.5 %	16.2 %	.0 %	.0 %	7.1 %
	전체 %	3.8 %	1.5 %	1.8 %	.0 %	.0 %	7.1 %
중남미	빈도	27	3	1	22	0	53
	기대빈도	32.4	3.8	5.9	9.1	1.7	53.0
	대륙의 %	50.9 %	5.7 %	1.9 %	41.5 %	.0 %	100.0 %
	취급분류의 %	7.3 %	6.8 %	1.5 %	21.2 %	.0 %	3.3 %
	전체 %	4.5 %	.5 %	.2 %	3.6 %	.0 %	3.3 %
유 럽	빈도	7	4	9	0	0	20
	기대빈도	12.2	1.5	2.2	3.4	.7	20.0
	대륙의 %	35.0 %	20.0 %	45.0 %	.0 %	.0 %	100.0 %
	취급분류의 %	1.9 %	9.1 %	13.2 %	.0 %	.0 %	6.4 %
	전체 %	1.2 %	.7 %	1.5 %	.0 %	.0 %	6.4 %

		취 급 분 류					전 체
		현지법인	지사, 지점	연락, 대표, 현지사무소	해외직접 투자	임의진출	
러, 동구	빈도	30	4	5	0	0	39
	기대빈도	23.8	2.8	4.4	3.4	1.3	39.0
	대륙의 %	76.9 %	10.3 %	12.8 %	.0 %	.0 %	100.0 %
	취급분류의%	8.1 %	9.1 %	7.4 %	.0 %	.0 %	3.3 %
	전체 %	5.0 %	.7 %	.8 %	.0 %	.0 %	3.3 %
중 동	빈도	1	10	5	0	0	16
	기대빈도	9.8	1.2	1.8	2.7	.5	16.0
	대륙의 %	6.3 %	62.5 %	31.3 %	.0 %	.0 %	100.0 %
	취급분류의%	.3 %	22.7 %	7.4 %	.0 %	.0 %	2.6 %
	전체 %	.2 %	1.7 %	.8 %	.0 %	.0 %	2.6 %
전체	빈도	370	44	68	104	20	606
	기대빈도	370.0	44.0	68.0	104.0	20.0	606.0
	대륙의 %	61.1 %	7.3 %	11.2 %	17.2 %	3.3 %	100.0 %
	취급분류의%	100.0 %	100.0 %	100.0 %	100.0 %	100.0 %	100.0 %
	전체 %	61.1 %	7.3 %	11.2 %	17.2 %	3.3 %	100.0 %

대칭적 측도

		값	근사 유의확률
명목척도 대 명목척도	파이	.568	.000
	Cramer의 V	.284	.000
유효 케이스 수		606	

a. 영가설을 가정하지 않음.

b. 영가설을 가정하는 점근 표준오차 사용

교차분석　4

케이스 처리 요약

	케 이 스					
	유　효		결　측		전　체	
	N	퍼센트	N	퍼센트	N	퍼센트
진출형태＊진출년도	558	89.6%	65	10.4%	623	100.0%

진출형태 ＊ 진출년도 교차표

		진 출 년 도				전　체
		~1987	1988~1993	1994~1997	1998~2001	
진출현지법인 형태	빈도	39	140	114	41	334
	기대빈도	40.1	140.1	116.7	37.1	334.0
	진출형태의 %	11.7%	41.9%	34.1%	12.3%	100.0%
	진출년도의 %	58.2%	59.8%	58.5%	66.1%	59.9%
	전체 %	7.0%	25.0%	20.4%	7.3%	59.9%
지사, 지점	빈도	12	14	9	6	41
	기대빈도	4.9	17.2	14.3	4.6	41.0
	진출형태의 %	29.3%	34.1%	22.0%	14.6%	100.0%
	진출년도의 %	17.9%	6.0%	4.6%	9.7%	7.3%
	전체 %	2.2%	2.5%	1.6%	1.1%	7.3%
연락, 대표, 현지사무소	빈도	12	24	20	7	63
	기대빈도	7.6	26.4	22.0	7.0	63.0
	진출형태의 %	19.0%	38.1%	31.7%	11.1%	100.0%
	진출년도의 %	17.9%	10.3%	10.3%	11.3%	11.3%
	전체 %	2.2%	4.3%	3.6%	1.3%	11.3%
해외직접투자	빈도	4	50	40	8	102
	기대빈도	12.2	42.8	35.6	11.3	102.0
	진출형태의 %	3.9%	49.0%	39.2%	7.8%	100.0%
	진출년도의 %	6.0%	21.4%	20.5%	12.9%	18.3%
	전체 %	.7%	9.0%	7.2%	1.4%	18.3%

		진 출 년 도				전 체
		~1987	1988~1993	1994~1997	1998~2001	
임의 진출	빈도	0	6	12	0	18
	기대빈도	2.2	7.5	6.3	2.0	18.0
	진출형태의 %	.0 %	33.3 %	66.7 %	.0 %	100.0 %
	진출년도의 %	.0 %	2.6 %	6.2 %	.0 %	3.2 %
	전체 %	.0 %	1.1 %	2.2 %	.0 %	3.2 %
전체	빈도	67	234	195	62	558
	기대빈도	67.0	234.0	195.0	62.0	558.0
	진출형태의 %	12.0 %	41.9 %	34.9 %	11.1 %	100.0 %
	진출년도의 %	100.0 %	100.0 %	100.0 %	100.0 %	100.0 %
	전체 %	12.0 %	41.9%	34.9 %	11.1 %	100.0 %

카이제곱 검정

	값	자 유 도	점근 유의확률(양쪽검정)
Pearson 카이제곱	34.663[a]	12	.001
우도비	36.729	12	.000
선형 대 선형결합	.200	1	.654
유효 케이스 수	558		

a. 4 셀(20.0%)은(는) 5보다 작은 기대 빈도를 가지는 셀입니다. 최소 기대빈도는 2.00입니다.

교차분석 5

케이스 처리 요약

	케 이 스					
	유 효		결 측		전 체	
	N	퍼센트	N	퍼센트	N	퍼센트
진출형태*진출년도	559	89.7 %	64	10.3 %	623	100.0 %

취급분류 * 진출년도 교차표

		진 출 년 도				전 체
		~1987	1988~1993	1994~1997	1998~2001	
취급 섬유 제조 분류	빈도	18	41	46	9	114
	기대빈도	13.5	74.5	40.6	12.4	114.0
	취급분류의 %	15.8 %	36.0 %	40.4 %	7.9 %	100.0 %
	진출년도의 %	27.3 %	17.6 %	23.1 %	14.8 %	20.4 %
	전체 %	3.2 %	7.3 %	8.2 %	1.6 %	20.4 %
의료봉제 및 모피제품 제조	빈도	8	87	76	28	199
	기대빈도	23.5	82.9	70.8	21.7	199.0
	취급분류의 %	4.0 %	43.7 %	38.2 %	14.1 %	100.0 %
	진출년도의 %	12.1 %	37.3 %	38.2 %	45.9 %	35.6 %
	전체 %	1.4 %	15.6 %	13.6 %	5.0 %	35.6 %
가죽 및 가방, 신발 제조	빈도	10	68	52	13	143
	기대빈도	16.9	59.6	50.9	15.6	143.0
	취급분류의 %	7.0 %	47.6 %	36.4 %	9.1 %	100.0 %
	진출년도의 %	15.2 %	29.2 %	26.1 %	21.3 %	8.9 %
	전체 %	1.8 %	12.2 %	9.3 %	2.3 %	8.9 %
의류제품 무역	빈도	14	18	14	4	50
	기대빈도	5.9	20.8	17.8	5.5	50.0
	취급분류의 %	28.0 %	36.0 %	28.8 %	8.0 %	100.0 %
	진출년도의 %	21.2 %	7.7 %	7.0 %	6.6 %	8.9 %
	전체 %	2.5 %	3.2 %	2.5 %	.7 %	8.9 %

		진 출 년 도				전 체
		~1987	1988~1993	1994~1997	1998~2001	
섬유 및 직 물 무역	빈도	16	19	11	7	53
	기대빈도	6.3	22.1	18.9	5.8	53.0
	취급분류의 %	30.2 %	35.8 %	20.8 %	13.2 %	100.0 %
	진출년도의 %	24.2 %	8.2 %	5.5 %	11.5 %	100.0 %
	전체 %	2.9 %	3.4 %	2.0 %	1.3 %	100.0 %
전체	빈도	66	233	199	61	559
	기대빈도	66.0	233.0	199.0	61.0	559.0
	취급분류의 %	11.8 %	41.7 %	35.6 %	10.9 %	100.0 %
	진출년도의 %	100.0 %	100.0 %	100.0 %	100.0 %	100.0 %
	전체 %	11.8 %	41.7 %	10.9 %	10.9 %	100.0 %

카이제곱 검정

	값	자 유 도	점근 유의확률 (양쪽검정)
Pearson 카이제곱	52.987[a]	12	.000
우도비	49.766	12	.000
선형 대 선형결합	19.547	1	.000
유효 케이스 수	559		

a. 0 셀(.0%)은(는) 5보다 작은 기대 빈도를 가지는 셀입니다. 최소 기대빈도는 5.46입니다.

♣ 저자

• 손미영(孫美英)　　약력

서울대학교 생활과학대학 의류학과 졸업
서울대학교 대학원 생활과학 석사
서울대학교 대학원 생활과학 박사
Parsons School of Design AAS degree
서울대학교 생활과학연구소 연구원

주요 논저
「한국 섬유 및 의류산업의 세계화 연구」
「한국패션기업의 세계화 추세 연구」
「패션산업에서 해외직접투자 - 무역과의 관계를 중심으로」
「한국패션기업의 국제경쟁력 향상을 위한 기업가치활동의 세계적
　배열과 조정연구」
「Globalization Trends of World Fashion Industry and
　Competitive Factors of Korean Fashion Enterprises」
『제 2 의 피부』(공역)
『의상에서의 시각 디자인』(공역)
『머천다이징 - 이론, 원리 그리고 실제』(공역)
『패션소매점의 재무관리』(공역) 외 다수

글로벌 관점에서의 한국패션산업

·초판인쇄　2005 년 1 월 3 일
·초판발행　2005 년 1 월 4 일
·지 은 이　손미영
·펴 낸 이　채종준
·펴 낸 곳　한국학술정보㈜
　　　　　경기도 파주시 교하읍 문발리
　　　　　파주출판문화정보산업단지 526-2
　　　　　전화　031)908-3181(대표) · 팩스　031)908-3189
　　　　　홈페이지　http://www.kstudy.com
　　　　　e-mail(e-Book 사업부)　ebook@kstudy.com
·등　　록　제일산-115 호(2000.6.19)
·가　　격　26,000원

ISBN　　89-534-2144-6 93590 (paper book)
　　　　89-534-2145-4 98590 (e-book)